T0240728

Forstbotanik

Georg Schwedt

Forstbotanik

Vom Baum zum Holz

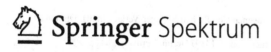

Georg Schwedt
Bonn, Nordrhein-Westfalen, Deutschland

ISBN 978-3-662-63406-6   ISBN 978-3-662-63407-3   (eBook)
https://doi.org/10.1007/978-3-662-63407-3

Die Deutsche Nationalbibliothek verzeichnet diese Publikation in der Deutschen Nationalbibliografie;
detaillierte bibliografische Daten sind im Internet über http://dnb.d-nb.de abrufbar.

Planung/Lektorat: Stefanie Wolf
Springer Spektrum ist ein Imprint der eingetragenen Gesellschaft Springer-Verlag GmbH, DE und ist
ein Teil von Springer Nature.
Die Anschrift der Gesellschaft ist: Heidelberger Platz 3, 14197 Berlin, Germany

Vorwort

Holzbücher – Herbarien von Bäumen, die in einem aus deren Holz hergestelltem Kasten in Buchform alle wesentlichen botanischen Teile des jeweiligen Baumes vom Keimling, der Knospe bis zur Frucht gesammelt vereinen – bilden als *Xylotheken* sehenswerte und wertvolle Objekte in einigen Naturkundemuseen – u. a. in Kassel, auf Burg Guttenberg am Neckar, in Stuttgart-Hohenheim und in Ebersberg (Oberbayern). Sie enthalten jeweils die *ganze Naturgeschichte des Baumes.*

Als diese Baum-Bibliotheken entstanden, entwickelte sich als angewandte Botanik auch die *Forstbotanik* zu einer eigenständigen Wissenschaft. Heute sind Wälder, bewirtschaftet als Forst bezeichnet, nicht nur von wirtschaftlicher (ökonomischer) Bedeutung, sondern wichtige Erholungsräume für Mensch und Natur (aus ökologischer Sicht) und weisen zugleich zunehmend Probleme durch das Baum- bzw. Waldsterben, auch infolge des Klimawandels auf.

Dieses Buch schlägt den Bogen von der Historie, der Entstehung der Forstbotanik, der Entwicklung von Xylotheken bis zu einer Einführung in die Forstbotanik heute und verbindet diese mit der praktischen, aus eigenen Erfahrungen entwickelten Anleitung zur Anlage eines *Baum(Holz)-Herbariums.* Die häufig zitierten Texte aus historischen Werken wurden wegen ihrer anschaulichen und detaillierten Beschreibungen ausgewählt, mit den sehr detaillierten Abbildungen daraus versehen und durch aktuelle Informationen ergänzt. Sie stellen zugleich die Grundlagen für eigene Beobachtungen dar; veraltete Bezeichnungen werden in eckigen Klammern soweit erforderlich erläutert; die Rechtschreibung wurde zum Zweck besserer Lesbarkeit behutsam der aktuellen Schreibweise angepasst. Zur fachlichen Vertiefung werden im Literaturverzeichnis entsprechende Fachbücher genannt.

Das Buch richtet sich an *Forst- und Holzwirte* (in Ausbildung und Praxis), *Forstleute* (und auch *Forstwissenschaftler*) sowohl in (bzw. nach) einem Bachelor- als auch Master-Studiengang, an *Besucher* von Wald- und Naturkundemuseen, von Häusern der Natur, in denen auch häufig Kurse bzw. Workshops sowohl für *Schüler* als auch *Lehrer* zum Thema Wald und seine Bäume angeboten werden und an alle an *Wald, Natur und Geschichte* Interessierte.

Im zweiten Teil des Buches werden nach den Darstellungen zur Geschichte der heute in Museen ausgestellten *historischen Xylotheken* (als erste Informationen für einen Besuch) ausführliche Anregungen und praktische Hinweise zur Anlage eines eigenen *Baum-* bzw. *Holzherbariums* vermittelt.

Die *Aktualität und das allgemeine Interesse* an diesem Thema wurde 2020 auch durch eine Ausstellung im Museum Wiesbaden von Juni bis November mit einer *Bibliothek der Bäume* verdeutlicht. Nach dem Vorbild der historischen Xylotheken zeigten eine Waldpädagogin und ein Forstwirt von der Schwäbischen Alb eine Auswahl aus ihrer Sammlung von über 240 Holzarten – der Buchrücken aus den Rinden der Bäume, die übrigen Teile der Bücher aus dem Stammholz und in den Kästen Blätter, Knospen, Blüten, Früchte sowie Aststückchen des jeweiligen Baumes. Zu der Ausstellung erschien auch ein Katalog (s. Literaturverzeichnis – Geller-Grimm et al.).

Georg Schwedt

Inhaltsverzeichnis

Einleitung

Die *Forstbotanik* beschäftigt sich mit dem Ökosystem Wald aus Sicht der Botanik einschließlich der speziellen Aspekte Aufforstung und Kahlschlag, also nicht allein aus ökonomischen Ansätzen wie in der umfassenderen Forst- oder Waldwirtschaft. Ein Ziel der Forstwirtschaft ist es, Holz als Rohstoff für Holzprodukte in einem Waldökosystem auch unter dem Aspekt der Nachhaltigkeit bereitzustellen. Als Begründer der modernen Forstwissenschaften gilt Heinrich COTTA (1763–1844), der in Tharandt bei Dresden 1816 die erste Forstakademie schuf (heute zur TU Dresden gehörend). Zur Ausbildung um 1800 gehörten auch *Xylotheken*, Holzsammlungen als Baum-Herbare.

In einer ausführlichen Rezension zu der 2001 erschienenen Schrift „Alte Holzsammlungen…" von A. Feuchter-Schawelka, W. Freitag und D. Grosser schreibt die Wissenschaftshistorikerin Anke te Heesen (damals Max-Planck-Institut für Wissenschaftsgeschichte, heute Professorin an der Humboldt-Universität), dass Holzsammlungen des 18. Jahrhunderts zunächst vor dem Hintergrund der Agraraufklärung und der sich etablierenden Forstbotanik zu sehen seien. Was sie für die Landwirtschaft feststellt, dass eine Verbesserung und Funktionalisierung der Landwirtschaft von staatlicher Seite höchste Priorität erfahren hätte und innerhalb der Aufklärungsbewegung ein zentrales Anliegen gewesen sei, gelte wenn auch in geringem Maße ebenso für die Waldwirtschaft. Weiterhin stellt die Wissenschaftshistorikerin fest, dass sich die Naturgeschichte in verschiedene Spezialbereiche differenzierte, die dann auch eigene Anschauungsmaterialien hervorbrachten. In der Mitte des 18. Jahrhunderts entstanden zugleich zahlreiche *Naturalienkabinette,* in denen nicht mehr wie zuvor exotische Naturgegenstände im Mittelpunkt standen, sondern solche aus der unmittelbaren Umgebung. Ein Naturalienkabinett (Naturalienkammer oder Naturaliensammlung) im 18. Jahrhundert war eine Sammlung von Gegenständen aus den drei Naturreichen, Tier-, Pflanzenreich und Reich der Minerale, die nach der Definition in der „Oeconomischen Encyclopädie" (erschien ab 1773) von Johann Georg KRÜNITZ (1728–1796)

G. Schwedt, *Forstbotanik*, https://doi.org/10.1007/978-3-662-63407-3_1

„gemeinhin wissenschaftlich geordnet und zum Behufe des Studiums der Naturgeschichte, bisweilen auch aus Prachtliebe oder zum Vergnügen der Dilettanten
aufgestellt sind" (Bd. 101) – s. dazu auch in Kap. 1.

Anke te Heesen stellte fest, dass für diese Art von Sammlungen zwei Gründe
zu nennen seien: Mit solchen Sammlungen aus der heimischen Flora und Fauna
konnte man seinen Patriotismus dokumentieren. Und sie dienten auch der
Repräsentation des eigenen Wissenserwerbs.

Die Entstehung von Xylotheken ist eng mit der Entwicklung der Forstwirtschaft verbunden. 1788 erschien das berühmte *„Forsthandbuch"* von
Friedrich August Ludwig von BURGSDORFF (1747–1802; Botaniker, Forstwissenschaftler, königlich-preußischer Oberforstmeister der Kurmark Brandenburg). 1783 hatte er auch den *Versuch einer vollständigen Geschichte vorzüglicher
Holzarten* verfasst. In einem Begleitheft zu seinem *Forsthandbuch* sind kolorierte
Kupferstiche enthalten, welche die in den Holzbüchern enthalten Pflanzenteile –
von der Blüte bis zur Frucht – aufweisen (Abb. 1.1).

Holzsammlungen waren auch Arbeitsmittel – nicht nur zur Anschauung, heute
häufig als ästhetische Naturprodukte bezeichnet. Ähnliche Entwicklungen fanden
auch in warenkundlichen Sammlungen der Schulen zur Ausbildung von Kauf-
leuten für Lebensmittelgeschäfte und Drogerien bis in das 20. Jahrhundert statt.

Die Blütezeit von Xylotheken reichte von dem letzten Viertel des 18.
bis zu Beginn des 19. Jahrhunderts. Die noch bekanntesten und in Museum

Abb. 1.1 Porträt von F. A. L.
von Burgsdorff (Kupferstich
von Johann Christoph
Kimpfel um 1800; Original
Österr. Nationalbibliothek,
Grafiksammlung in Wien)

bewahrten Xylotheken stammen von Candid HUBER und Carl SCHILDBACH (s. Abschn. 6.1). In dieser Phase der allgemeinen Aufklärung ist auch das genannte „Forsthandbuch" (1788) von Friedrich Anton Ludwig von Burgsdorff einzuordnen, das Huber und Schildbach sicher bekannt war.

Um die Jahrhundertwende wurde nach dem Vorbild der Holzbücher von Candid Huber von dem Nürnberger Verleger Georg Hieronimus BESTELMEIER (1764–1829), einem Versand- und Großhändler, eine aufwendige und teure *Deutsche Holzbibliothek* in 80 Bänden den Handel gebracht, die nicht nur von Wissenschaftlern und Förstern sondern mehr aus ästhetischen Gründen auch von Adeligen und wohlhabenden Bürgern erworben wurde. Bestelmeier verkaufte Galanterie- und Spielwaren gab bereits 1793 seiner ersten Versandkatalog unter dem Titel *Pädagogisches Magazin zur lehrreichen und angenehmen Unterhaltung für die Jugend* heraus. Nach 1800 ließ jedoch das Interesse an den teuren Holzbüchern nach.

Heute finden wir die klassischen Holzbibliotheken in Museen, von denen einige mit ihren Sammlungen näher vorgestellt werden (in Abschn. 5.1). Besuche in den Holzsammlungen der TU München bzw. des Thünen-Instituts im Hamburg (Abschn. 5.2) verdeutlichen die Veränderungen und den aktuellen wissenschaftliche Wert solcher Sammlungen.

Moderne Holzbibliotheken nach klassischem Vorbild können heute wieder an Bedeutung gewinnen – u. a. für Waldkindergärten, für Waldpädagogen und insgesamt für die Naturbildung sowie für die forstliche Ausbildung. Sie vermitteln umfassende Grundkenntnisse zur Bedeutung von Bäumen – über die äußeren Merkmale, vor allem auch im Zusammenhang mit einem Jahresverlauf im Leben der Bäume. Neben den ökonomischen stehen vor allem ökologische Gesichtspunkte im Vordergrund, aber auch die Ästhetik sollte dabei nicht vergessen werden.

Einführung in die Forstbotanik

Von der Ökonomie zur Ökologie

2

Die *Forstbotanik* ist ein Teil der angewandten Botanik und beschäftigt sich mit botanischen Aspekten des Waldes, vor allem mit der Biologie und Pathologie der Bäume, mit den Themen Aufforstung, Kahlschlag und dem Ökosystem Wald insgesamt. In Lehrbüchern ist sie ein Teil der *Forstwissenschaft* oder *Forstwirtschaft*, die ökonomisch, jedoch auch zunehmend ökologisch orientiert ist. Das letzte umfassende *Lehrbuch der Forstbotanik* stammt dem Freiburger Forstbotaniker Helmut Josef BRAUN (1924–2010) aus dem Jahr 1982. Ein aktuelleres Buch zu diesem Thema ist das *Lexikon der Forstbotanik* von Peter SCHÜTT (1925–2010, Forstbotaniker in München) et al. (1992; 2011 als „Lexikon der Baum- und Straucharten..." erschienen) als einem der Herausgeber (zu den Autoren s. auch am Schluss dieses Kapitels).

Aus der Geschichte
Die Zeit ab 1780, in denen die meisten der historischen Xylotheken (Baum-Herbare in Buchform) entstanden sind, wird auch als das *Zeitalter der Aufklärung* bezeichnet, in der im Zusammenhang mit der einsetzenden Entwicklung rationalen Denkens die Naturwissenschaften an Bedeutung gewannen. In der Forstwirtschaft spielte eine weitere Entwicklung eine Rolle. So war beispielsweise Eichenholz als Rohstoff knapp geworden – durch den zunehmenden Bedarf an Brennholz für das produzierende Gewerbe, neue Manufakturen und auch durch das Bürgertum in den Städten als Heizmaterial. Holz war zu einem Wirtschaftsfaktor geworden, es drohte ein Holzmangel, sodass Forstleute sich auch mit der Kultivierung anderer, schnellwachsender Bäume als der Eiche beschäftigten. Köhler, Glasmacher, Aschenbrenner und zunehmend der Bergbau verbrauchten große Holzmengen. Und so gewann auch die *Forstbotanik* zunehmend an Bedeutung.

Zwei bedeutende Werke aus dieser frühen Zeit stammen von Georg Adolph SUCKOW (*Oekonomische Botanik* 1777) und Johann Matthäus BECHSTEIN (*Forstbotanik* 1810), aus deren Einleitungen einige charakterisierende Ausschnitte zitiert werden.

© Der/die Autor(en), exklusiv lizenziert durch Springer-Verlag GmbH, DE, ein Teil von Springer Nature 2021
G. Schwedt, *Forstbotanik*, https://doi.org/10.1007/978-3-662-63407-3_2

Georg Adolph SUCKOW (1751–1813) war Professor an der Hohen Kameral-Schule in Kaiserslautern, später an der Universität Heidelberg. Er hatte ab 1769 in Jena und Erlangen Medizin und Naturwissenschaften studiert, promovierte 1772 in Jena und wurde 1774 an die neu gegründete Hohe Kameral-Schule als Professor und Bibliothekar berufen. Diese Einrichtung kam als Staatswissenschaftliche Fakultät an die Universität Heidelberg, wo Suckow die Ämter als Rektor und Dekan erhielt. Er verfasste u. a. auch ein Lehrbuch *Von dem Nutzen der Chymie zum Behuf des bürgerlichen Lebens, und der Oekonomie...* (1775).

Danach erschien sein Werk:
Oekonomische Botanik zum Gebrauch der Vorlesungen, auf der hohen Kameralschule zu Lautern. (Mannheim und Lautern, bei E. F. Schwan, kurfürstl. Hofbuchhändler, 1777.)

„Vorrede.
Die Absicht welche die Kurpfälzische ökonomische Gesellschaft durch die Anlage eines botanischen Gartens für die hohe Kameralschule zu erreichen bedacht war, veranlasste diese Bögen, welche an dem Mangel eines zweckmäßigen Handbuches den Vorlesungen über die Kräuterkunde gewidmet wurden. Da wir die Botanik auf eine mehr angewandte Art in Ansehung der Landwirtschaft vortragen mussten, so war es nicht hinlänglich nur bei den ersten Gründen derselben stehen zu bleiben, und Anfängern bloß die botanische Sprache und die Systeme zu erläutern. Um daher den theoretischen Theile durch eine Anleitung zur praktischen Kenntnis brauchbar zu machen, entschloss ich mich zu gegenwärtigem Versuche, nach Art der medizinischen Materien, das Gewächsenreich in Rücksicht auf die Ökonomie und der Gewerbe zu behandeln. Bei dieser Auswahl der in dem gemeinen Leben nutzbaren Gewächsen schien mir nicht nur die Wichtigkeit der Kräuterkunde deutlicher in die Augen zu fallen, sondern auch in so fern eine besondere Erleichterung derselben zu erwachsen, wenn man eine Menge zerstreuter Materialien, zu einem gemeinschaftlichen Zweck, unter bestimmte Gesichtspunkte vereinigen konnte. Damit aber meine Leser, dasjenige, was ich in diesem Entwurfe einer ökonomischen Botanik, zu leisten versucht habe, genauer zu beurteilen im Stande sind, will ich das Wesentlichste der Einrichtung anzeigen, ...
[Es folgen hier nur noch einige wesentliche Sätze als Auszug:]
Von allen den Gewächsen welche man in den folgenden Abschnitten verzeichnet findet, sind sowohl die botanischen Kennzeichen, als auch der ökonomische Gebrauch bemerkt. (...) Bei der Abschilderung der Arten (Species) bin ich fast durchgängig dem Ritter v. Linné gefolgt; inzwischen habe ich zugleich auch andere Beobachter genutzt, und durch eine sorgfältige Vergleichung derselben, den möglichsten Grad der Deutlichkeit zu erhalten gesucht. (...) Von den deutschen Provinzial-Namen sah ich mich genötigt nur die in unsern Gegenden gewöhnlichsten anzuführen." [Womit er das Problem zahlreicher regionaler Trivialnamen für viele Pflanzen in seiner Zeit (und zum Teil auch bis heute) anspricht!]

Johann Matthäus *BECHSTEIN* (1757–1822) war Naturforscher, Forstwissenschaftler und Ornithologe und gilt auch als ein Pionier des Naturschutzes. Er studierte von 1776 bis 1780 in Jena Theologie, Natur-, Forst- und Kameralwissenschaften, war ab 1785 Lehrer für Naturwissenschaften am Philanthropin in Schnepfenthal (heute Salzmannschule als Spezialgymnasium für Sprachen) (Waltershausen/Thüringen). 1794 gründete er bei Waltershausen die Öffentliche

Lehranstalt für Forst- und Jagdkunde als Privatinstitut. 1800 wurde er Direktor der im darauffolgenden Jahr eröffneten Lehranstalt in Dreißigacker bei Meiningen, die 1803 in den Rang einer „Herzöglichen Forstakademie" erhoben wurde. Er war der Adoptivvater des Schriftstellers Ludwig Bechstein, der 1855 auch die erste Biografie dieses Forstmannes veröffentlichte (Abb. 2.1).

Der vollständige Titel des Werkes zur Forstbotanik lautet:
F o r s t b o t a n i k oder vollständige Naturgeschichte der deutschen Holzpflanzen und einiger fremden. Zur Selbstbelehrung für Oberförster, Förster und Forstgehilfen von Dr. Johann Matthäus Bechstein, Herzoglich Sachsen-Meiningischem Cammer- und Forstrathe, Direktor der Forstakademie und der Societät der Forst- und Jagdkunde zu Dreißigacker, und Mitglied mehrerer Akademien und gelehrten Gesellschaften.
Erfurt, in der Henning'schen Buchhandlung 1810.

„Vorrede:
So wie es überhaupt in den neuern Zeiten nicht an Forstschriften fehlt, in welchem sich der Forstmann Belehrung in allen Zweigen des Forstwesens oder in alle dem verschaffen kann, was zur guten Bewirtschaftung eines Waldes gehört, so fehlt es auch nicht an sogenannten *Forstbotaniken* [im Original gesperrt gedruckt], aus welchen er

Abb. 2.1 Porträt von J. M. Bechstein. (Aus: Sylvan – ein Jahrbuch für Forstmänner, Jäger und Jagdfreunde auf das Jahr 1825, Verlag Kaspar, Marburg und Kassel)

die Anfangsgründe seiner Wissenschaft, nämlich die Kenntnis derjenigen Gewächse schöpfen kann, die man Holzpflanzen oder Holzarten nennt, und zu deren Hervorbringung, Erhaltung, Pflege und regelmäßigen Ablieferung er angestellt ist. Allein, so wenig jene Forstschriften eine allgemeine, regelmäßige Waldwirtschaft in Deutschland bewirkt haben, eben so wenig haben die Bücher, in welchen die Naturgeschichte der Holzgewächse abgehandelt ist, die nötige Kenntnis derselben allgemein verbreitet, und wir finden besonders in den unteren Klassen der Forstmänner, die keine Gelegenheit zu ihrer Ausbildung auf einer Lehranstalt gehabt haben, und die auch nicht so viel Schulkenntnis besitzen, daß sie den gelehrten Vortrag, der in dergleichen Schriften gewöhnlich herrscht, für sich zu fassen vermögen, noch hierin einen solchen Mangel und eine solche Unvollkommenheit, die unverzeihlich scheint, da man ja unmöglich die gute Verwaltung und Pflege einer Wirtschaft von demjenigen erwarten kann, der die Natur und Eigenschaften der Gegenstände, die dieselbe umfasst, nicht gehörig kennt. Für alle die (und dies ist ja bis jetzt noch der größte Theile unserer Forstbedienten) ist diese meine Forstbotanik bestimmt. Sie soll *das Leichteste, Nöthigste und Nützlichste aus der allgemeinen und besonderer Naturgeschichte derjenigen Holzarten, die den deutschen Forstmann vorzüglich interessiren*, enthalten, und zwar in einer Ordnung, Zusammenstellung und Sprache, die demjenigen, der nur einigermaßen an Bücherlesen und Büchersprache gewöhnt ist, fasslich und deutlich sehn mögen.

(…)

Dreißigacker, den 21. Oktober 1809.

D e r V e r f a s s e r."

Einen Bildungsauftrag verfolgte das noch heute lesenswerte Werk „*Die vier Jahreszeiten*" (1856) von E. A. ROSSMÄSSLER (zur Biografie s. weiter unten). In einem Kapitel mit der Überschrift „*Blicke in die Ferne*" geht er auf anschauliche Weise auch auf die Forstwirtschaft ein:

„Je mehr unser Blicke in dem vor uns liegenden Berg- und Waldbilde heimisch wird, desto mehr entdeckt er die Spuren der Forstwirtschaft und zuletzt müssen wir diese als eine Schwester des Ackerbaues erkennen, nur großartiger in ihren Pfleglingen und in ihrem Wirken. An einigen Berghängen erkennen wir die geraden breiten ‚Flügelwege‘ und die schmalen ‚Schneisen‘; die Begrenzungen der inneren Wirtschaftsgliederung der Forste.

Dabei erinnern wir uns, daß wir einem bei einem Förster die ‚Bestandskarte‘ und den ‚Hauungsplan‘ seines Reviers gesehen haben. Daß es auch bei den Forstrevieren, die sich hier über das weite Bergland ausbreiten, beides gibt, versteht sich nach den gesehenen Schneisen und Flügelwegen von selbst. Die Bestandskarte ist ein Abbild von dem, was wir jetzt vor uns sehen, oder wenigstens zu der Zeit, als sie aufgenommen und gezeichnet wurde, hier gesehen haben würden. Aber wenn wir uns den Hauungsplan jetzt verwirklicht hier vor uns denken – hu, wie wird es da anders, wie steif wird es aussehen! Dann hat der Wald, wenigstens das von einer Höhe übersehene Waldgebirge, vor dem langweiligen, geradlinigen Feldfluren nichts mehr voraus als die Größe. Dann werden sich hier große regelmäßige gleichgroße und gleichgestaltete Wald-Abtheilungen aneinander reihen, von denen jede immer um einige Jahrzehnte älter oder jünger, also höher oder niedriger seyn wird als ihre beiden Nachbar-Abtheilungen. Dann wird die bunte Manichfaltigkeit gemischter Bestände dem Einerlei eines Fichten- oder Kiefern- oder Buchenbestandes gewichen sein. Dann wird am, freilich nicht in Jahresfristen, sondern in längeren Zeitabständen, eine Abtheilung nach der anderen aberntem und wieder neu kultivieren. Dann werden hier Fichtenfelder wie Kornfelder stehen, auf denen man Stämme wie Halme anstatt mit der Sense mit Axt und Säge mähen wird.

Das ist die sichere Zukunft der deutschen Staatswaldungen, denen der Staatsforstwirth mit Zuversicht und Trost entgegensieht, denen der Maler und Freund der ursprünglichen Natur mit Schrecken entgegenbangt; wenn nicht – und darauf ist unter allen Voraussetzungen zu hoffen und gewiss zu rechnen – inzwischen das Problem der Wasserstoffzerlegung im Großen gelöst wird, um mit Wasserstoff heizen zu können; und wenn nicht inzwischen die Baukunst nicht bloß sparsamer in der Holzverwendung sein, sondern auch jeder Häuserbauer begriffen wird, daß ein steinernes Haus zuletzt doch wohlfeiler ist, als ein hölzernes.

[Man lese mit großem Erstaunen diese **1856** veröffentliche Aussage zu einer *Wasserstoff-Technologie*!]

Dann würden die Waldungen zwar einen Theile ihrer beiden für die wichtigsten gehaltenen Bestimmungen, als Bau- und Brennholz, zum Theile verlieren, aber um so weniger in Erreichung der wichtigsten beeinträchtigt werden: die Regulatoren der Feuchtigkeitsbestände und mithin der Anbaufähigkeit und Bewohnbarkeit des Landes zu sein."

[Auch diese Aussage, die man heute im Hinblick auf *Klima* erweitern würde, ist mit Blick auf das Jahr **1856** umso erstaunlicher. Anzumerken ist noch, dass dieses Buch *Den deutschen Volksschullehrern* gewidmet ist!]

Abschließend zu diesen Exkursen noch ein Beitrag aus der populärwissenschaftlichen Literatur als Beispiel zur *Wald-Ökonomie* zu Beginn des 20. Jahrhunderts.

In der Buchreihe *Bibliothek der Unterhaltung und des Wissens* (erschien zwischen 1876 und 1962 in vierwöchigen Abständen), für die u. a. mit den „neuesten belletristischen Erzeugnisse(n) unserer hervorragendsten Schriftsteller, in Verbindung mit trefflichen Beiträgen aus allen Gebieten des Wissens, und zwar in der bequemen handlichen Buchform, welche die Einreihung in jede Privatbibliothek gestattet", geworben wurde, erschien 1909 (3. Band, S. 231–236) in der Rubrik „Mannigfaltiges" folgender Beitrag:

„**Holzzuwachs und Waldbenutzung.** – So sehr der Deutsche seinen Wald liebt, so ist er doch über dessen Wachstumsgesetze und ökonomische Verhältnisse im großen Ganzen noch wenig klar. Es hat dies wohl seinen Grund mit darin, daß zwar schon in den Lesebüchern der Volksschule mit Recht die Schönheit des Waldes als erhabenes Naturgebilde gepriesen wird, aber über die Grundzüge, wie er einer geregelten Benutzung zugeführt werden muss, darüber erfährt auch der reifere Schüler meist wenig oder nichts.

Die Grundlage der Ertragsregelung eines Waldes, das heißt der Berechnung und Festsetzung seiner jährlichen Abnutzung, ist der Holzzuwachs, worunter man den Größenunterschied in der Masse eines Baumes oder Holzbestandes am Anfange und am Ende eines Jahres oder anderen Zeitabschnitts versteht. Die Holzmassenerzeugung ist je nach Holzart und Standort sehr verschieden, wechselt auch nach Maßgabe der Behandlung, welche der Waldbesitzer seinen Holzbeständen zu teil werden lässt.

Von besonderem Einfluss in dieser Beziehung sind die Durchforstungen und Lichtungen; erstere regeln den Raum in den Jugendbeständen, letztere erweitern den der Althölzer zu Gunsten ihres Zuwachses und machen Raum für den oft darunter befindlichen Nachwuchs.

Beim Baumzuwachs kommen der Höhen-, der Stärken- und der durch die vereinigte Wirkung dieser beiden Zuwachsarten entstehende Massenzuwachs in Betracht. Der Höhen- und Längenzuwachs ist anfangs bei allen Holzarten gering, im Stangenalter erreicht er sein Maximum, erhält sich eine Zeitlang auf dieser Höhe und sinkt bis zum völligen Stillstand im höheren Lebensalter, was sich durch Abwölbung der Baumkrone zu erkennen gibt. Selbstverständlich ist das Längenwachstum je nach Holzart, Standort und

Schluss grad verschieden. Die Nadelhölzer werden stets etwas höher als die Laubhölzer; unter letzteren erreicht die Eiche die größte Höhe. Über 40 Meter ragen die deutschen Holzarten nur selten hinaus.

Der Stärkenzuwachs unserer Waldbäume ist in der frühesten Jugend ebenfalls gering. Die Hauptentwicklung des Dickenwachstums beginnt erst nach beendigtem Kampfe der Stämme um die Herrschaft nach Gipfelfreiheit, sowie nach Ausführung der ersten Durchforstung, wodurch die Tätigkeit des Kambiums infolge der stärkeren Einwirkung von Licht, Wärme und Feuchtigkeit ungemein gesteigert wir. Unter Kambium versteht man die zwischen Bast und Holz gelegene lockere Gewebeschicht, durch welche sich das jährliche Dickenwachstum vollzieht. Der Höhepunkt des jährlichen Stärkenzuwachses fällt daher auf einen beträchtlich späteren Zeitpunkt als beim Höhenwachstum – ein wichtiger Umstand, der zum Zwecke der Starkholzzucht nach der Beendigung der Durchforstungen durch den sogenannten ,Lichtungsbetrieb' möglichst ausgenutzt werden muss.

Am freistehenden Baum ist der Stärkenzuwachs unter sonst gleichen Bedingungen stets größer als an im Schluss stehenden Bäumen. Wenn trotzdem die Durchforstungen bis zur Vollendung des Höhenwachstums nur schwach zur Ausführung gelangen, so geschieht es, um möglichst astreine, in den Jahrringen gleichmäßig entwickelte Stämme zu erzielen, wie sie zu Nutzholzzwecken erforderlich sind. Im Allgemeinen bevorzugt der Holztechniker bei Laubholz breitringiges, bei Nadelholz engringiges Holz.

Dieselben Arten des Zuwachses wie am Einzelstamm unterscheidet man auch am ganzen Holzbestand, dessen Massenzuwachs selbstverständlich gleich dem der Summe aller Stämme ist. Die Forstwirtschaft unterscheidet sowohl am Baum als am Bestand zunächst den laufenden Zuwachs, das heißt den in einem Jahre erfolgten; er ist, wie bereits erwähnt, bei allen Holzarten in der Jugend gering, im Stangenholz und geringen Baumholz am größten und im mittleren beziehungsweise starken Baumholz wieder abnehmend. So beträgt auf gutem Standort der Zuwachs bei der Fichte im zwanzigjährigen Alter über 9 Prozent, im achtzigjährigen nur 1,3 Prozent; bei der Eiche im zwanzigjährigen Alter 6,8 Prozent, im achtzigjährigen 1,7 Prozent, im hundertsechzigjährigen nur 0,5 Prozent.

Außerdem unterscheidet man noch einen periodischen, summarischen und den Durchschnittszuwachs.

Für die Waldertragsregelung ist letztere der wichtigste, er wird daher in der Regel für das Abtriebsalter festgestellt. Der höchste Durchschnittszuwachs fällt in die Jahre der größten Holzmassenbildung.

(…)

Die Erträge der verschiedenen Holz- und Betriebsarten schwanken natürlich auf den verschiedenen Standortsgütern, von denen die Forstwirtschaft zwischen sehr gut und gering fünf unterscheidet, bedeutend, oft um 100 Prozent.

Die Hauptbetriebsarten ergeben zum Beispiel auf gutem Boden im üblichen Abtriebsalter ungefähr folgende Erträge:

Eichenhochwald: Abtriebsalter 160 Jahre; Mittelhöhe 28 Meter; Durchmesser in Brusthöhe bis 60 Zentimeter, Zuwachs im Durchschnitt 3,6 Festmeter; Holzmasse 570 Festmeter.

Buchenhochwald: Abtriebsalter 120 Jahre; Mittelhöhe 27 Meter, Durchmesser in Brusthöhe bis 50 Zentimeter; Zuwachs im Durchschnitt 4,3 Festmeter; Holzmasse 510 Festmeter.

Fichtenwald: Abtriebsalter 80 Jahre; Mittelhöhe 25 Meter; Durchmesser in Brusthöhe bis 40 Zentimeter, Zuwachs im Durchschnitt 4,5 Festmeter; Holzmasse 450 Festmeter.

Kiefernwald: Abtriebsalter 90 Jahre, Mittelhöhe 22 Meter; Durchmesser in Brusthöhe bis 40 Zentimeter; Holzmasse 450 Festmeter.

Deutschland erzeugt auf seinen rund 14 Millionen Hektar Waldfläche [2020: 11,4 Millionen Hektar] etwa 60 Millionen Festmeter Holz, wovon 40 Millionen auf Nutzholz und der Rest auf Brennholz entfallen. Während der Brennholzbedarf reichlich gedeckt wird, dergestalt, daß alljährlich noch eine Kohlenausfuhr stattfinden kann, verlangt der deutsche Nutzholzbedarf noch eine jährliche Einfuhr von etwa 11 Millionen Festmeter, die einem Wert von etwa 200 Millionen Mark entsprechen, die alljährlich ins Ausland fließen.

Die Bewirtschaftung des deutschen Waldes geschieht deshalb heute fast nur noch in der Hochwaldform (Samenwald), in welche die höchste Nutzholzerzeugung möglich ist, und diejenigen Holzarten, welche Deutschlands Nutzholzbedarf nach Menge und Güte am vollkommensten zu decken vermögen, werden in der großen Hauptsache die Nadelhölzer und die Eiche sein und bleiben." E. Brock [1909]

Die wichtigsten Baumarten im 21. Jahrhundert sind in Deutschland:

Buchen 15,8 % – Eichen 10,6 %/Laubbäume insges. 44,5 %
Fichten 26,0 % – Kiefern 22,9 %/Nadelbäume insges. 55,5 %.

Die Geschichte der Forstbotanik beginnt somit erst in der zweiten Hälfte des 18. Jahrhunderts, als erste Forstschulen entstanden, die sich jedoch zunächst nur der Vermittlung des praktischen, handwerklichen Wirtschaftsvollzugs widmeten. Erst kameralistisch gebildete Nichtforstleute begannen damit, das gesamte forstliche Wissen zu sammeln und systematisch zu ordnen, von denen außer dem zitierten Professor an der Kameralhochschule zu Lautern (Kaiserslautern) Georg SUCKOW mit seiner „Oekonomischen Botanik" (1777) auch der eher als Augenarzt und Schriftsteller bekannte Johann Heinrich JUNG (1740–1817, genannt Jung-Stilling) mit seinem „Versuch eines Lehrbuches der Forstwirthschaft..." (1781 – darin als „Holzzucht: Pflanzenkunde und Holzsaat; Pflanzenkunde als Physiologie der Holzpflanzen und Forstbotanik") zu nennen sind. Forstbotanische Institute existieren u. a. in Göttingen, München (TU), Freiburg und in Tharandt (angegliedert an die TU Dresden).

Abschließend werden noch einige Werke zur Forstbotanik aus der zweiten Hälfte des 19. Jahrhunderts genannt, von denen die Bücher von drei Autoren erwähnt werden sollen:

Hartig, Dr. Th., Vollständige Naturgeschichte der forstlichen Culturpflanzen Deutschlands, Berlin 1851.
Roßmäßler, E. A., Der Wald, Leipzig 1861.
Fischbach, H., Forstbotanik, 6. Aufl. (Hrsgb. R. Beck), Leipzig 1905.

Theodor HARTIG (1805–1880) war der Sohn des Forstwissenschaftlers Georg Ludwig Hartig (1764–1837). Theodor Hartig studierte an der Forstakademie in Berlin und an der Universität Berlin, wurde 1831 Forstreferendar in Potsdam, übernahm 1837 zunächst die Professur seines Vaters an der Universität Berlin und wechselt 1838 an das Collegium Carolinum in Braunschweig. Hier gründete er das Arboretum in der Buchhorst südöstlich von Riddagshausen (heute Arboretum Riddagshausen – s. in 6.2).

Emil Adolf ROSSMÄSSLER (1806–1867) war Naturforscher und Volksschriftsteller, der zu den Pionieren der Wissenschaftspopularisierung in Deutschland zählt. Er war der Sohn eines Kupferstechers, studierte ab 1825 zunächst Theologie an der Universität Leipzig und nebenher auch Botanik. Ab 1827 leitete er botanische Exkursionen junger Apotheker und wurde Lehrer an einer Privatschule in Weida (Landkreis Greiz, Thüringen). 1830 wurde er Professor für Zoologie an der von Heinrich Cotta geleiteten Königlichen Akademie für Forst- und Landwirte in Tharandt. Ab 1850 wirkte er in Leipzig als Schriftsteller und veröffentlichte u. a. in der damals sehr populären Familienzeitschrift *Die Gartenlaube* zahlreiche naturkundliche Beiträge.

Otto Heinrich (von) FISCHBACH (Hohenheim 1827–1900 Stuttgart) war von 1851 bis 1854 Forstamtsassistent in Neuenbürg, ab 1852 zunächst Professoratsverwalter in Hohenheim, ab 1854 Professor der Forstwissenschaft. 1866 war er als Forstmeister in Rottweil, später in Schorndorf und ab 1875 als Forstrat bei der Forstdirektion Stuttgart tätig, wo er noch kurz vor seinem Tod 1900 zum Forstdirektor ernannt wurde. (Angaben aus dem Archiv der Universität Hohenheim) Aus seinen Werken wird im Folgenden am häufigsten zitiert, da sich seine Texte durch die detaillierte und anschauliche Beschreibung besonders auszeichnen – mit Informationen, die in den Baum-Bestimmungsbüchern unserer Zeit nicht zu finden sind.

Liest man heute den Text aus dem Kapitel I. *Wald und Forst* seines Buches DER WALD von 1863, so scheint sich bereits damals eine Sichtweise entwickelt zu haben, die sich in dem Büchern von Peter WOHLLEBEN (Jg. 1964) „Das geheime Leben der Bäume" bzw. „Das geheime Band zwischen Mensch und Natur" heute widerspiegeln.

Es seien daher die ersten Sätze aus dem genannten Kapitel zitiert:

„Auch die Pflanzen haben im Umgang mit einander wie die Menschen ihre Neigungen und Abneigungen, bald dem Sprichwort gehorsam gleich und gleich sich gesellend. Dies hat schon seit alter Zeit der Begriff der geselligen Pflanzen gegründet. Ja als man, namentlich nach Humboldt's Vorgange, das stille Volk der Pflanzen im Sinne einer Bevölkerung neben der Tierbevölkerung des Erdenrundes auffasste, bildete sich allmählich die Lehre von der geographischen Verteilung der Gewächse aus, in welcher die soziale Seite ihre Rolle spielt. Nicht der Zufall oder die Launen des Windes und der Gewässer – welche die Samen bald hier bald dorthin tragen – bestimmen den Pflanzen ihre Stätte. Es herrscht hier wie bei der menschlichen Gesellschaft ein Zug mächtiger Kräfte oder einer sanften Innigkeit, dem die Pflanzen, wie oft auch wir, in sich selbst die maßgebenden Gesetze tragen, welche mit den Gesetzen der Außenwelt in Verknüpfung stehen."

Das letzte spezielle schon erwähnte *Lehrbuch zur Forstbotanik* erschien 1982 vom Forstwissenschaftler Helmut Josef BRAUN (1924–2010; ab 1965 Prof. in Freiburg) – mit der Widmung „Zur Erinnerung an den Altmeister der Forstbotanik *Robert Hartig* 1839–1901 Professor an der Forstakademie Eberswalde und an der Universität München". Von ihm stammt auch das Buch „*Bau und Leben der Bäume*" (4. Aufl. 1998). Heute ist die Forstbotanik allgemein ein Teil der Lehrbücher zur Forstwirtschaft(-wissenschaft).

Als „Standardwerk der Forstbotanik" im 21. Jahrhundert gilt das *„Lexikon der Baum- und Straucharten"* (zur „Morphologie, Pathologie, Ökologie und Systematik wichtiger Baum- und Straucharten") von Peter SCHÜTT (1926–2010; Forstbotaniker, Universität in München), H. J. SCHUCK und B. STIMM (zuletzt 2011 aufgelegt). Peter Schütt ist auch Hauptverfasser der Bücher zu den Themen *„So stirbt der Wald"* (5. Aufl. 1986) und *„Der Wald stirbt an Streß"* (2. Aufl. 1988).

Vom Baum zum Wald

Zu den allgemeinen Grundlagen der Forstbotanik

Inhaltsverzeichnis

Als *Baum* wird im Allgemeinen eine verholzte, aufrechtstehende, ausdauernde Pflanze bezeichnet, die bei einem ungestörten Wachstum eine Höhe von mindestens sechs Metern erreichen kann.

Etwas ausführlicher und differenzierter lautet die Definition:
Ein *Baum* ist ein langlebiges *Holzgewächs,* mit einem mehr oder weniger hohen *Stamm,* einer *Krone* aus meist beblätterten *Zweigen* sowie mit *Wurzeln.* Botanisch zählt der Baum zu den Blütenpflanzen (Samenpflanzen); aus forstlicher Sicht versteht man unter Baum vor allem die gesamte oberirdische *Holzmasse* eines *Stammes* einschließlich des *Astholzes,* ausschließlich des Stockes (auch Stubben = Baumstumpf, der nach der Fällung zurückbleibt).

Wald ist eine Vegetationsform von vorherrschenden, geschlossen auftretenden Bäumen, die besonderen Lebensgesetzen unterliegen; ein vernetztes Sozialgebilde und auch Wirkungsgefüge. Von der obersten Krone bis zu den Wurzelspitzen der Bäume finden biotische, physikalische und chemische Wechselwirkungen statt. Wälder bilden Ökosysteme, ein dynamisches Gleichgewicht zwischen Pflanzen, Tieren, dem Boden und dem Klima (s. auch bei Peter Wohlleben).

Als *Forst* wird ein bewirtschafteter Wald bezeichnet. Im Mittelalter wurde die Bezeichnung *Bannwald,* mittellateinisch *forestis* verwendet. An den übrigen Wäldern bestand im frühen Mittelalter ein allgemeines Nutzungsrecht, d. h. jeder konnte dort Brenn- und Bauholz gewinnen, Nutztiere im Wald weiden lassen und wilde Tiere jagen. Im Hochmittelalter, als der Holzbedarf stark zunahm, wurden diese Rechte eingeschränkt. Waldflächen wurden der *Forsthoheit* unterworfen,

G. Schwedt, *Forstbotanik*, https://doi.org/10.1007/978-3-662-63407-3_3

der Grundherr übte nun über alle Rechte. Es entstanden zunehmend Verwaltungs-
strukturen im Sinne einer Forstverwaltung.

Heute werden *Wälder* in der Vegetationskunde als *Waldgesellschaften*
bezeichnet, z. B. *Buchenwald*-Gesellschaften der Schwäbischen Alb. Sie entsprechen der sogenannten *Regionalen Potentiellen Natürlichen Vegetation.* Der
Waldbau ist ein zentraler Bestandteil der Forstwirtschaft, der zu naturnahen
und naturschonenden Verhältnissen auch durch eine *Aufforstung* (naturnahe
Bestockung) auf dem Wege der *Naturverjüngung* führen soll.

Der *Wald* ist botanisch-ökologisch eine *Pflanzengemeinschaft.*

Zu den botanischen Grundlagen s. auch Lehrbücher der *allgemeinen Botanik.*

3.1 Die ganze Naturgeschichte des Baumes: vom Keimling bis zu Frucht und Samen

Eine allgemeine Beschreibung zu den Organen der Pflanzen und auch speziell von
Bäumen lautet:

Bei den höher entwickelten Pflanzen wie den Bäumen unterscheidet man
zunächst zwischen *Wurzeln* und *Spross.*

Die nach unten wachsende *Wurzel* – als Gegenteil zum oberirdischen Spross –
sorgt für eine Befestigung (Standfestigkeit) der Pflanze, des Baumes im Erdboden
und nimmt Nährstoffe und Wasser auf.

Die *Sprosse,* teilweise mit einem unbegrenzten Spitzenwachstum ausgestattet,
oft vielfältig verzweigt, bestehen aus der mehr oder weniger zylindrischen *Sprossachse* (Stengel oder Stamm) sowie den seitlich an ihr sitzenden, im Wachstum
beschränkten, flächenartig ausgebildeten *Blättern.* Die Sprosse nehmen vor allem
Kohlenstoffdioxid aus der Luft aus und versorgen die Pflanze mit sämtlichen aus
der Luft und über die Wurzeln aus dem Boden aufgenommenen Nährstoffe. Sie
werden als *Vegetationsorgane* bezeichnet und sind zugleich auch die Träger der
Fortpflanzungs- und *Fruktifikationsorgane* (= alles, was zur Blüte bis zur Ausbildung der Frucht gehört).

Die *Wurzel* hat zwei wesentliche Aufgaben – die Aufnahme von Wasser und
Mineralstoffen aus dem Boden und die Befestigung vor allem der Bäume im Erdboden. Junge Wurzel weisen noch die von der Wurzelspitze entfernten Wurzelhaare auf. *Das Wurzelsystem* umfasst Haupt- und Seitenwurzeln, verholzte
Grobwurzeln und nicht verholzte Feinwurzeln. Wurzeln weisen keine Blätter
auf und sind durch eine schützende *Wurzelhaube* (Kalyptra) an der Wurzelspitze
versehen, die sich ständig erneuert. Durch eine Verschleimung der Mittellamelle
und eine ständige Abstoßung der äußersten Zellen wird auch das Vordringen der
Wurzel im Erdboden erleichtert.

Man unterscheidet drei Arten von Wurzeln:

Bei einer *Pfahlwurzel* übertrifft die Hauptwurzel dauernd an Stärke die Seitenwurzeln; sie ist deutlich verdickt und wächst senkrecht in die Tiefe. Ein Pfahl-
wurzelsystem (tiefwurzelnd) weisen Eichen, Kiefern, Tannen und Ulmen auf.

Ein *Herzwurzelsystem* weist anstelle einer Hauptwurzel mehr oder weniger senk-recht verlaufende Wurzeln an einem Wurzelstock auf (Ahorn, Birke, Douglasie, Lärche, Linde). Ein charakteristisches *Horizontalwurzelsystem* aus stark ver-zweigten Seitenwurzeln besitzt die Pappel; die Hauptwurzel ist nur für eine kurze Zeit des Wachstums vorhanden. Wurzeln, die vom Stamm ausgehen, werden als *Adventivwurzeln* bezeichnet und Wurzeln von Pappel, Weißerle, Ulme besitzen die Fähigkeit, in der Nähe der Oberfläche Laubsprosse, *Wurzelbrut* genannt, zu bilden.

In seinem „Katechismus der Forstbotanik" (1862) unterscheidet H. Fischbach Wurzel und Stamm: „Die Wurzel hat kein Mark, aber desto reichlicher entwickelt Markstrahlen, ihre Zellen sind weiter und dünnwandiger, die Gefäße größer; des-wegen ist das Wurzelholz porös und leichter als das Stammholz..."

Als *Keimling* oder *Keimpflanze* wird eine Pflanze kurz nach der Keimung eines *Samens* bezeichnet – es ist deren *Embryo*. Die Keimung beginnt mit der Sprengung der Samenschale und dem Erscheinen der Keimwurzel *(Radicula)* infolge Quellung und Enzym-Aktivierung. Es findet ein Übergang von der hetero-trophen zur autotrophen Ernährung statt; der Ablauf der Keimphasen wird vor allem durch Licht und Temperatur bestimmt. Als *Keimblätter*, Samenlappen oder *Kotyledonen*, werden die ersten im Samen angelegten Blattorgane bezeichnet. Sie haben die wichtige Aufgabe, den Keimling mit fertigen Baustoffen (Reservestoffe) solange zu versorgen, bis er sich selbst nach der *Samenruhe* und Keimung selbst versorgen kann.

Als *Trieb* bezeichnet den am Ende von Ästen und Zweigen jährlich zuwachsenden *Spross*. Er ist der oberirdische Teil einer Pflanze, der aus den Grundorganen der Pflanze – Sprossachse (Stengel), Blatt und Blüte gebildet wird (Abb. 3.1).

Knospen enthalten die Anlagen zu einem künftigen Laub- und Blütenspross. Es handelt sich um einen während der Vegetationsperiode entstandenen, gestauchten,

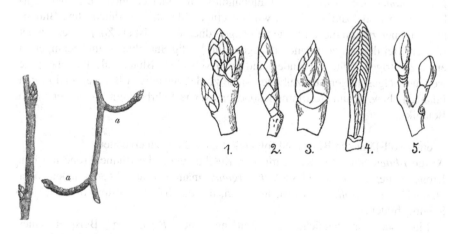

Abb. 3.1 Triebe (links: Langtrieb, rechts (a) Kurztriebe der Weißbirke) und Knospen (1: Eiche; 2: Buche, 3: Holunder, 4: Schneeball, 5: Schwarzerle). (Aus: Fischbach, Forstbotanik 1905)

embryonalen Trieb. Man unterscheidet Laub-, Blüten- oder gemischte Knospen, die zumeist von Knospenschuppen umgeben sind. Bei Eichen, Buchen und Ahorn hüllen sie die Knospen fest ein. Harze (Roßkastanie) und Wachsüberzüge (Birke) dienen dem Schutz vor Austrocknung.

Sehr ausführlich widmet sich die Forstbotanik von H. Fischbach den Knospen:

„Die *Stellung der Knospen am Zweig* ist von besonderer Wichtigkeit, zumal für die Erkennung der Art im unbelaubten Zustand. Die Knospen stehen entweder an der Spitze der Triebe (Terminal- oder *Endknospen*) oder aber an der Seite derselben (Lateral- oder *Seitenknospen*). Letztere entwickeln sich meist in der Achsel der Laubblätter (*Axillar-knospen*) und folgen denselben in der Stellung, doch so, daß sie entweder senkrecht über der Blattstielnarbe stehen (Hainbuche) oder seitwärts derselben (Buche); in diesem Fall sind sie abwechselnd nach rechts und nach links gerichtet.

Die meisten Holzarten schließen ihre vegetativen Sprosse alljährlich mit einer Knospe ab (*Knospenschluss*), einzelnen (Morus, Robinia) [Morus: Maulbeerbaum] gelangen in unserem Klima aber nicht dazu; ihr durch den Winter unterbrochenes Wachstum ist deshalb auf die Entfaltung der Seitenknospen beschränkt."

Blätter im engeren Sinn – auch Niederblätter, Keimblätter oder Kotyledonen, Knospenschuppen sowie Hochblätter = Deckblätter bei Blüten sind *Blattgebilde* – als *Laublätter* dienen sie der Atmung und Transpiration. Ein vollkommen ausgebildetes Blatt (*folium*) besteht aus Blattstiel und Blattspreite. Der *Blattstiel* verbindet die Blattspreite mit der Sprossachse; fehlt er, so nennt man die Blätter sitzend. Die Blattspreite ist ein flächenartig ausgebreitetes Organ mit sehr verschiedenartigen Umrissen, durchzogen von den *Blattnerven* (Gefäßbündeln – Blattnervatur) als Leitungsbahnen und zugleich zur Straffung des Zellgewebes der Blattfläche. Jede Sprossachse besteht aus einzelnen Gliedern, den *Internodien*. Als *Knoten* wird die Stelle bezeichnet, an der Blätter der Achse entspringen. Die unterschiedlichen Formen von Blättern sind in der Abb. 3.2 für eine Reihe von Bäumen und Sträuchern dargestellt.

Bei den *Blüten* sind die *Nacktsamer* (*Gymnospermen;* Nadelbäume) und *Bedecktsamer* (*Angiospermen;* Laubbäume) zu unterscheiden. Bei den einheimischen Nadelbäumen finden wir nur eingeschlechtliche Blüten ohne Blütenhülle, immer zu komplexen Systemen angeordnet, die meist als *Zapfen* bezeichnet werden. Bei den Angiospermen dagegen sind häufig Staubblätter und Stempel zu einer zwittrigen Blüte verbunden und auch von einer Blütenhülle umgeben; sie weitaus vielgestaltiger. (Einzelheiten siehe zu den jeweiligen Bäumen und in den Pflanzen- bzw. Baum-Bestimmungsbüchern sowie Lehrbüchern zur allgemeinen Botanik).

In einer vollständigen Blüte sind folgende Bestandteile zu erkennen:
A) die *Blütenhüllen* aus Kelch mit den Kelchblättern, die Blumenkrone mit den Kronenblättern, B) die *Geschlechtsorgane,* männlich aus Staubgefäßen oder Staubblättern, *weiblich* aus Fruchtblättern, die durch Verwachsung den oder die Stempel bilden.

Eine sehr anschauliche Beschreibung einer *Blüte* (am Beispiel eines Hahnenfußgewächses) stammt von Hermann LANDOIS (1835–1905; Zoologieprofessor, Gründer des Zoologischen Gartens in Münster und des Museums für

Abb. 3.2 Blattformen (1: Ulme, 2: Linde, 3: Schwarzdorn, 4: Feldahorn, 5: Spitzahorn, 6: Stieleiche, 7: Zwergbirke, 8: Robinie, 9: Weißtanne, 10: Bruchweide, 11: Schwarzpappel, 12: Kopfzweigginster, 13: Bastardeberesche, 14: Felsenmispel, 15: Sanddorn, 16: Wachholder, 17: Tulpenbaum). (Aus Fischbach: Forstbotanik 1905) (weitere Einzelheiten s. in den botanischen Bestimmungsbüchern)

Naturkunde – s. zu Landois auch in Abschn. 6.2.) und M. KRASS (Seminardirektor in Münster) aus dem Werk „Pflanzenreich in Wort und Bild für den Schulunterricht in der Naturkunde" (1893):

Sie beginnt mit der *Krone* der Blüten, „daher auch *Kronblätter* genannt".

„Unter den Kronblättern bemerken wir noch einen Kreis von 3 (selten 5) *Blättchen,* die *grün* gefärbt sind und bald nach dem Aufblühen abfallen. Sie bilden die äußerste Blütenhülle, den *Kelch.* Beide Blattkreise, die Krone und der Kelch (...), haben die Aufgabe, vor dem Aufblühen die Inneren Teile gegen die schädlichen Einflüsse der Witterung zu schützen und durch Farbpracht und Duft Insekten anzulocken. Diese Inneren Teile bestehen aus den *Staubgefäßen* und den *Stempeln* (...). Die Staubgefäße sind zahlreiche freie *Fädchen* (Staubfäden), die oben mit einem *Beutelchen* (Staubbeutel) versehen sind; bei vorsichtigem Abpflücken der Blütenhüllen bleibe sie am Stengel stehen (*fruchtbodenblütig*). Ist die Blüte voll entwickelt, so springen die Beutelchen auf und streuen ihren Inhalt, den *Blütenstaub,* der aus *überaus feinen, gelben Körnchen* besteht, rund ums sich her."

Durch Insekten oder den Wind gelangen sie von der einen Blüte zur anderen. „Der Blütenstaub gelangt so auf die den innersten Raum der Blüte einnehmenden

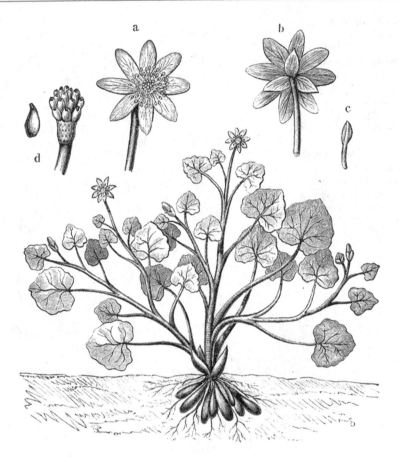

Abb. 3.3 Die Blüte am Beispiel des Scharbockskrauts *(Ranuculus ficaria)* (a: Blüte mit Staubfäden, b: Blättchen unter den Kronblättern, c: Staubbeutel, d: Früchtchen). (Aus: Kraß/Landois,
Pflanzenreich 1893)

zahlreichen Knöpfchen, deren jedes einen Samenkeim enthält. Diese Knöpfchen werden *Stempel* genannt und bestehen aus drei Hauptteilen; der untere heißt
Fruchtknoten, weil er bei der Reife die Frucht bildet, der mittlere *Griffel* und der
obere *Narbe.*" (Abb. 3.3)

In Bezug auf die *Blütenstände* unterscheidet man bei den forstlich wichtigen
Gewächsen u. a.:

Kätzchen: Die ungestielten Blüten stehen an einer fadenförmigen Spindel in den
   Winkeln von Schuppen dicht gedrängt zusammen. Das Kätzchen hängt (Hasel)
   oder steht aufrecht (Weide).
Zapfen: Sie stellen bei den Nadelbäumen eine besondere Form der Kätzchen dar;
   Spindel, Frucht- und Deckschuppen der weiblichen Blütenstände sind verholzt.

Traube: Die einzelnen Blüten stehen an einer einfachen, gemeinsamen Hauptachse auf ungefähr gleichlangen, sich nicht verästelnden Stielen (Beispiel: Bergahorn).

Dolde oder *Trugdolde* sind bei Sträuchern wie Kornelkirsche (Dolde) bzw. Schwarzem Holunder und Schneeball (Trugdolde) zu finden.

Als *Strauß* oder *Rispe* wird ein Blütenstand bezeichnet, wenn von einer geraden Spindel sich viele einfache oder verästelte Blütenstiele abzweigen, die ziemlich dicht stehend dem Blütenstand eine eiförmige Gestalt wie bei der Roßkastanie geben.

Bei *Köpfchen* entspringen aus der Oberfläche der verbreiterten Hauptachse viele kurzgestielte oder sitzende Blüten (Beispiel: Ulme).

Zu den hier im Mittelpunkt stehenden *Waldbäumen* stellt H. Fischbach fest, dass die *Blüten unserer Waldbäume* im Allgemeinen einfach, klein und schmucklos seien.

„Gleichwohl erfolgt aber Befruchtung derselben mit großer Sicherheit, denn ein großer Teil der Waldbäume gehört zu den *Windblütlern* im Gegensatz zu den *Insektenblütlern.* Bei den ersteren wird der Blütenstaub in großen Mengen erzeugt, so daß derselbe auch ohne die Vermittlung von Insekten mit Sicherheit auf die weiblichen Blüten gelangt, namentlich da er trocken ist. Bei den Insektenblütlern ist es feucht und hängt sich leicht an die Insekten an, so daß diese dann die Befruchtung vermitteln."

Frucht und *Same:* Aus dem Fruchtknoten entwickelt sich nach der Befruchtung die Frucht – aus der Eizelle wird der Samen. Außer dem Fruchtknoten können auch andere Blütenorgane an der Fruchtbildung beteiligt sein – so z. B. Deckblätter, die zu einem *Becher* (cupula, s. Eiche) auswachsen.

Charakteristisch Früchte von Bäumen sind die *Flügelfrucht* (Ahorn) mit einer häutigen Fruchthülle, die einen oder zwei Samen einschließt;

die *Kapsel* (Weide, Pappel) aus einer festen Haut, die viele Samen einschließt und in Längsspalten oder auf eine andere Weise aufspringt;

die *Hülse,* trocken, länglich in zwei Nähten aufspringend (Robinie);

die *Nuss* mit einer harten Schale bekleidet, lederartig (Buche), von einem Fruchtbecher *(Kupula)* umgeben (Eiche);

und der *Zapfen* der Nadelhölzer, in dem die nackten, meist geflügelten Samen sich an der Innenseite der durch kleine Deckschuppen gestützten verholzten Fruchtschuppen befinden.

Erlen und Birken weisen oberflächlich betrachtet ähnlich erscheinende „Zapfen" auf; jedoch sind es hier die Deckblätter, welche als Schuppen erscheinen: sie tragen nicht Samen, sondern *Früchte* (Abb. 3.4).

Ausführlicher sollen auch *Stamm* und *Holzaufbau* beschrieben werden. Die *Sprossachse* ist die aufsteigende Achse einer Pflanze mit ihren Verzweigungen; bei Bäumen ist sie immer holzig und wird als *Stamm* bezeichnet, der über eine Reihe von Jahren Blätter, Blüten und Früchte trägt.

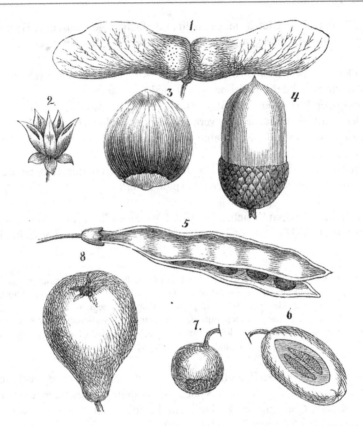

Abb. 3.4 Früchte (1: Spitzahorn, 2. Weidenblättrige Spiere (vergrößert), 3: Hasel(nuss), 4:
Eiche, 5: Trompetenbaum *(Catalpa)*, 6: Kornelkirsche, 7: Heidelbeere, 8: Speierling (*Sorbus domesticus,* alte Apfelsorte). (Aus: Fischbach, Forstbotanik 1905)

Betrachtet man einen gefällten Baumstamm, so lassen sich drei Zonen deutlich
unterscheiden:

Den äußeren Teil bildet eine unterschiedlich dicke Lage von *Borke* oder *korkiger
Rinde.* danach folgt der Bastteil oder das *Phloem;* den Hauptteil einer Baum-
scheibe macht das eigentliche Holz, *Xylem* genannt, aus.
Das Xylem besteht aus dem trockenen meist dunkler gefärbten *Kernholz* und dem
helleren, saftführenden *Splintholz.*
Die *Borke* ist ein tertiäres Abschlussgewebe, das Schutz vor mechanischen Ver-
letzungen, extremen Temperaturen, Wasserverlusten und auch pathogenen
Organismen bietet. Je nach ihrer Form unterscheidet man Schuppenborke
(Kiefer, Lärchen, Robinie, Eiche, Esche) und Ringelborke (Birke, Kirsche).

Sehr anschaulich beschrieben werden Aufbau und Wachstum von Baumstämmen
ebenfalls in Fischbachs Forstbotanik – er beginnt mit dem *jugendlichsten Stämm-
chen,* dessen Grundgewebe in drei Abschnitte zerfällt:

Abb. 3.5 Querschnitt durch
einen dreijährigen Holzstamm
(a: Mark, b: Rinde, m:
große Markstrahlen, c:
Kambiumring – aus:
Fischbach 1905)

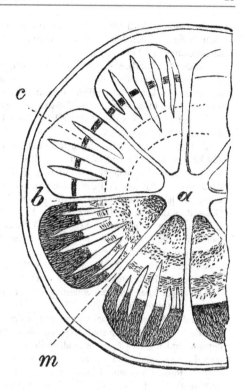

„1. Das *Mark* (medulla), ein aus weitlumigen, dünnwandigen Zellen bestehendes Gewebe innerhalb des Gefäßbündelkreises (a in der Abb. 3.5),

2. die *Rinde* (cortex), die äußerste, mit der *Oberhaut* (epidermis) bedeckte, zunächst nur aus ehr dickwandigen Zellen bestehende Gewebeschicht (b),

3. die *Markstrahlen* (radii medullares), die zwischen den Gefäßbündeln hindurch das Mark mit der Rinde verbindenden Zellgewebepartieen (m).

Bei der ferneren Entwickelung des dikotylen und gymnospermen Holzstammes erfolgt das Dickenwachstum in den einzelnen Jahrgängen durch Bildung neuer Gewebeschichten in einer bestimmten Region des Stammes. Diese Region liegt im äußeren Teil des Gefäßbündelringes und fällt mit der Grenze zwischen Bast- und Holzteil der einzelnen Gefäßbündel zusammen. Die hier vorhandene zartwandige Gewebeschicht, das *Bildungsgewebe* oder *Kambium* (c in Abb. 3.5) vermag durch Teilung nach beiden Seiten hin fortgesetzt neue Zellen zu erzeugen. Es werden infolgedessen nach innen zu im unmittelbaren Anschluss an die vorhandenen Holzpartien des Gefäßbündelkreises neue Elemente des Holzkörpers, nach außen Elemente des Bastes oder der sekundären Rinde abgeschieden. Durch die Tätigkeit des Kambiums entsteht auf diese Weise in jedem Jahre ein neuer *Holz-* oder *Jahresring.*

Bei vielen Holzarten, am besten bei den Nadelhölzern, lassen sich in jedem einzelnen Jahresringe zwei vielfach allmählich ineinander übergehende Schichten unterscheiden. Das zu Beginn der Vegetationszeit entstandene Holz (*Frühjahrsholz*) besteht bei den einfach organisierten Nadelbäumen aus dünnwandigeren und weiteren Zellen als das späterhin gebildete sogenannte *Herbstholz.* Bei den Laubhölzern treten im Frühjahrsholze, im Gegensatz zum Herbstholze, neben weniger dickwandigen Holzzellen zahlreichere und bei manchen Holzarten sehr weitlumige Gefäße auf, sodass auch bei ihnen dichtere und weniger dichte Holzschichten abwechseln. Diese Verhältnisse bedingen eine hellere Färbung des Frühjahrsholzes und eine dunklere des Herbstholzes und bewirken dadurch eine bei den Nadelhölzern und einzelnen Laubhölzern sehr scharfe gegenseitige Abgrenzung der Jahresringe.

Da der sich jährlich neu bildende Jahresring immer durch Vermittlung des zwischen Rinde und Holzkörper befindlichen Kambiumringes entsteht, somit den ganzen vorhandenen Holzkörper einschließt und mit einer neuen mehr oder weniger dicken Holzschicht überzieht, so folgt daraus, daß das Alter eines Holzringes um so höher ist, je näher am Marke es lieg. Aus der Zahl der Jahresringe kann man mit ziemlicher Sicherheit das Alter eines Baumes bestimmen.

Zwischen *älteren* und *jüngeren* Jahresringen zeigt sich bei geringer Altersverschiedenheit kein prinzipieller Unterschied und selbst im gegenteiligen Fall nicht bei allen Holzarten. Immerhin verhält sich bei diesen ,*Reifholzbäumen*' (Ahorn, Hage[Hain]buche, Birke usw.) der innere Teil des älteren Stammes anders als der äußere, indem vorzugsweise der letztere saftführend ist. Bei einem Teil der Waldbäume aber bildet sich die Gesamtheit der inneren Jahresringe zum *Kernholz* (duramen) aus, im Gegensatz zu den äußeren Lagen, dem *Splintholz* (alburnum). Beide unterscheiden sich äußerlich dann vielfach durch die Farbe, ohne daß diese allgemein für die Unterscheidung zwischen Kern- und Splintholz allein maßgebend ist. Der Kern ist in solchem Falle dunkler (rötlich, gelb, schwärzlich), was auf die Ablagerung von Harzen sowie von gerb- und gummiähnlichen Stoffen in den Hohlräumen der Zellen und Gefäße zurückzuführen ist. (…).

Der *Holzkörper der Bäume* besteht aus drei verschiedenen Zellarten: *Gefäßen, Holzzellen* und *Holzparenchym.*

Die dem *Nadelholzkörper* mit Ausnahme der nächsten Umgebung der Markkrone *vollständig fehlenden Gefäße* sind lange, aus übereinander stehenden Zellen durch Auflösung der trennenden Querwände entstandene Röhren, die der Wasserleitung dienen und Wasser oder Luft enthalten. Da sie einen im Vergleich zur Dicke ihrer getüpfelten Wandung großen Hohlraum (Lumen) haben, erscheinen sie auf dem Querschnitt als feinere oder gröbere Poren. Ihre Verteilung im Jahresring ist bei den einzelnen Laubholzarten sehr verschieden. Bei einzelnen Arten sind sie fein, gleich weit und wie die Öffnungen eines Siebes gleichmäßig durch den ganzen Ring verteilt (Buche). Bei anderen hingegen stehen sie, namentlich die großlumigen, besonders dicht im inneren Teile des Jahresringes, also im Frühjahrsholze, während nach außen zu nur die feineren vorkommen und unregelmäßig, radial, konzentrisch oder dendritisch verteilt sind (*ringporige* Laubhölzer: Esche, Ulme, Eiche, Kastanie). Der äußere Rand des Jahresringes ist bei allen Holzarten gefäßarm oder gefäßleer.

Die *Holzzellen* (*Holzfasern, Holzparenchym*) sind in sich geschlossene, beiderseitig zugespitzte, langgestreckte und dickwandige Zellen, die ebenfalls nur Luft und Wasser führen und den Hauptbestandteil des Holzkörpers bilden. Man unterscheidet drei Arten: a) *Tracheiden,* ausgezeichnet durch geringe Wanddicke und große gehöfte Tüpfel, b) *Sklerenchym*- oder *Libriformfasern* mit außerordentlich dicken Wandungen und kleinen, meist einfachen Tüpfeln, c) *Faserzellen* mit protoplasmatischem Inhalt. Iu ihnen werden Stärkemehlkörner und andere Nährstoffe zeitweilig aufgespeichert, sie erscheinen als die Speicherzellen des Holzkörpers.

Die verschiedenen Holzarten unterscheiden sich nach dem Vorhandensein und Fehlen der einen oder anderen Art der Holzzellen. Am einfachsten ist das Holz der Nadelhölzer gebaut; es besteht neben dem Holzparenchym *nur aus Tracheiden,* also Holzzellen mit großen gehöften Tüpfeln. Bei den Laubholzarten sind gleichzeitig mehrere der drei Holzzellenarten vorhanden oder auch nur eine.

Das *Holzparenchym,* aus zylindrischen oder stumpfkantig.prismatischen Zellen bestehen, folgt als „*Strangparenchym*" dem senkrechten Verlauf der Gefäße und Zellen oder bildet als „*Strahlenparenchym*" oder „*Markstrahlgewebe*" die radial, also senkrecht zur Längsachse des Baumes verlaufenden *Markstrahlen.* Letztere treten auf der Spaltseite (Radialschnitt) als schmale oder breitere Bänder, je nach der Anzahl der horizontal gestreckten Zellreihen, von denen sie gebildet werden, durch stärkeren Glanz

(Spiegelfasern) hervor. Im Hirnschnitt (Querschnitt) erscheinen sie als mehr oder weniger feine, strahlenförmig nach außen verlaufende Linien. Mit Ausnahme der Nadelholzgattungen Pinus, Picea, Larix und Pseudotsuga [Kiefern, Fichten, Lärchen, Douglasien], in deren Markstrahlen Harzgänge horizontal verlaufen, bestehen die Markstrahlen aller anderen Hölzer nur aus dem Holzparenchym."

Diese sehr ausführlichen Beschreibungen ermöglichen eine intensivere Betrachtung der einzelnen Holzarten. Die heutigen Baum-Bestimmungsbücher verzichten stets infolge des verwendeten Bildmaterials auf solche Texte.

Zusammenfassend ist festzustellen:
Ein *Baumstamm* im Querschnitt weist drei Zonen auf – von außen nach innen:

1. *Rinde* oder *Borke* (schützende Schichten aus totem Gewebe)
2. *Phloem* (Bastteil) von Korkschichten umgeben (Ableitung in Blättern hergestellter Reservestoffe zu Speicherorten)
3. *Xylem* (Holzteil) aus Kernholz (tot, mechanische Funktion, lagert Lignin ein) und Splintholz (saftführend, mit Wasser und aus dem Boden aufgenommen Nährstoffe gefüllt)

Zelltypen:
Nadelbäume (2 Zelltypen)
Tracheiden: Leitelemente aus langen, dicken, faserförmigen Zellen, an den Enden durchbrochen; *Parenchymzellen:* dünnwandig, rechteckig, in radialen Reihen angeordnet – bestimmen die *Maserung* des Holzes.

Laubbäume (3 Zelltypen)
Tracheen (anstelle der Tracheiden): große, ziemlich dünnwandige Gefäße; *Holzfasern:* kompakt, dickwandig, zugespitzt; *Parenchymzellen:* in radialen Reihen zu Markstrahlen angeordnet.

An den zitierten Text aus Fischbachs Forstbotanik schließt sich eine Systematik zur *Struktur der Holzkörper* an, die von dem genannten bedeutenden Forstwissenschaftler Robert Hartig stammt (R. Hartig, Die anatomischen Unterscheidungsmerkmale der wichtigeren in Deutschland wachsenden Hölzer, 4. Aufl., München 1898). In der obigen Abb. 3.6 werden die Unterschiede in den *Jahresringteilen* dargestellt, die mithilfe einer Lupe (oder auch mittels Auflichtmikroskopen) näher untersucht und betrachtet werden können.
Kommerziell werden (2021) *Holzbücher* und *Mustersammlungen einheimischer Holzarten* angeboten (Abb. 3.7):
  Bei den *Holzbüchern* handelt es sich um Massivholzstücke in Buchform, die in einer ästhetischen Gestaltung mit dem Namen des Baumes (deutsch und lateinisch) beschriftet sind. Die Gestalter Harald Türke und Aglaja Hertling stellen ihre Holzbücher auf einem um 1791 erbauten Vierseithof in der Nähe von Meißen aus über 40 in Mitteleuropa wachsenden einfachen und auch seltenen Holzsorten her. Sie beziehen sich zwar auf die Xylotheken (s. Abschn. 5.1)

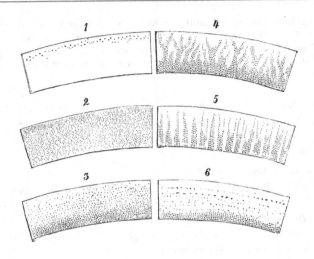

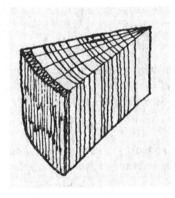

Abb. 3.6 Jahresringteile und keilförmiger Ausschnitt aus einem Holzstamm 1: Fichte mit Harzgängen, 2: Weide mit gleichmäßig verteilten, feinen, 3: Walnussbaum mit isolierten, 4: süße Kastanie [Esskastanie] mit dendritisch verbundenen, 5: Eiche mit strahlig verbundenen, 5 Robinie mit peripherische verschmolzenen Gefäßen. (Fischbach 1905 bzw. Stehli/Fischer 1955)

u. a. Carl Schildbach im Ottoneum Kassel, stellen ihre Produkte nicht für Holz-herbarien sondern mit dem Anliegen her, „die Schönheiten und die Vielfalt des Gewachsenen zu zeigen und besonders hervorzuheben" (www.holzgestalter.com).

Die *Musterkiste „Einheimische Holzarten"* enthält 26 Muster einheimischer Holzarten – von Ahorn bis Zwetschge. Alle Holzproben haben das Format $74 \times 105 \times 18$ mm, sind unbehandelt und werden in einem Kasten aus massivem Ahorn aufbewahrt. Zur Musterkiste gehört ein informatives Begleitheft, aus dem in den folgenden Kapiteln auch Details zu den Hölzern aufgenommen wurden. Eine weitere Musterkiste zu Holzwerkstoffen (für die verschiedensten

Abb. 3.7 Holzbücher bzw. Mustersammlung einheimischer Holzarten – Holzbuch links: Eiche mit Astloch. (Foto: Schwedt)

Einsatzzwecke – mit unterschiedlichen Oberflächen und Verarbeitungsformen wie z. B. Sperrholz) enthält 30 Muster verschiedener Holzwerkstoffe auch für die Ausbildung und den Unterricht geeignet ebenso wie die Musterkiste „Werk- und Technikunterricht mit 13 Holzarten und 14 Holzwerkstoffen" – Sitz der Firma ist Berlin (www.musterkiste.de).

Laubbäume

4

Inhaltsverzeichnis

G. Schwedt, *Forstbotanik*, https://doi.org/10.1007/978-3-662-63407-3_4

Das Sammeln für Holzbücher (s. Abschn. 6.4) kann beispielsweise – wie hier in Zusammenarbeit mit der Stadtförsterei und dem Haus der Natur in Bonn – bereits im Herbst beginnen.

Herbstlaub und Früchte sind zu dieser Jahreszeit neben auch Holzproben die Objekte einer Sammlung.

Zur Herbstfärbung der Blätter

Zur *Herbstfärbung der Blätter* wird daher zunächst eine ausführlichere Darstellung vorangestellt, bevor auf einzelne Laubbäume näher eingegangen wird.

Aus: G. Schwedt, Naturwiss. Rdsch. 64, H. 10, S. 548–549 (2011)

Dass grüne Blätter eine komplexe Mischung unterschiedlich gefärbter Pigmente enthalten, ist seit mehr als 100 Jahren bekannt. Ihre Auftrennung gelang erstmals dem Botaniker Michael TSWETT (1872–1919). 1906 veröffentlichte er in den „Berichten der deutschen botanischen Gesellschaft" seine für die Adsorptions-Chromatographie grundlegende Arbeit über die „Adsorptionsanalyse und chromatographische Methode. Anwendung auf die Chemie des Chlorophylls." Seine systematischen Studien zu den Adsorptionseigenschaften einer großen Zahl anorganischer und organischer Feststoffe schloss er mit der erfolgreichen Trennung der Chlorophyllpigmente aus einer Ligroinlösung (Ligroin: Benzin mit C5-C8-Alkanen) an gepulvertem Calciumcarbonat. Erst 1931 wurde die Trennmethode von Richard KUHN (1900–1967; Nobelpreis 1938) zur Trennung von Carotinoiden (und speziell auch Xanthophyllen) wieder aufgegriffen und führte zu einem erheblichen Aufschwung in der Chemie der Naturstoffe. Die Strukturaufklärung des grünen Blattfarbstoffes Chlorophyll gelang Richard WILLSTÄTTER (1872–1942; Nobelpreis für Chemie 1915) und seinen Mitarbeitern zwischen 1905 und 1913. Paul KARRER (1889–1971; Nobelpreis 1937) beschäftigte sich seit Ende der 1920er Jahre mit Pflanzenpigmenten, griff ebenfalls die Tswettsche Trennmethode wieder auf und konnte 1930 die Struktur des ®-Carotins entschlüsseln.

Chlorophylle und Xanthophylle

Der zentrale Photosynthesefarbstoff Chlorophyll wird in den Plastiden der Pflanzenzelle synthetisiert und besteht aus einem Tetrapyrrolring mit Magnesium als Zentralatom sowie einer Phytolseitenkette zur Membranverankerung. Die Grundstruktur aus vier Pyrrolen (Tetrapyrrol) wird auch als Porphyrin bezeichnet – s. Abb. 4.1. Das zentrale Mg^{2+}-Ion ist mit zwei Stickstoffatomen der Pyrrolringe kovalent und mit den beiden anderen Stickstoffatomen koordinativ verbunden. Die Phytolseitenkette, ein langer verzweigter Kohlenwasserstoff mit einer Doppelbindung, ist von einem Isoprenoid abgeleitet. Sie wirkt hydrophob, ermöglicht den Chlorophyllen eine sehr hohe Lipidlöslichkeit und begünstigt dadurch deren Verankerung in der Membranphase der Blattzellen. Chlorophylle kommen als

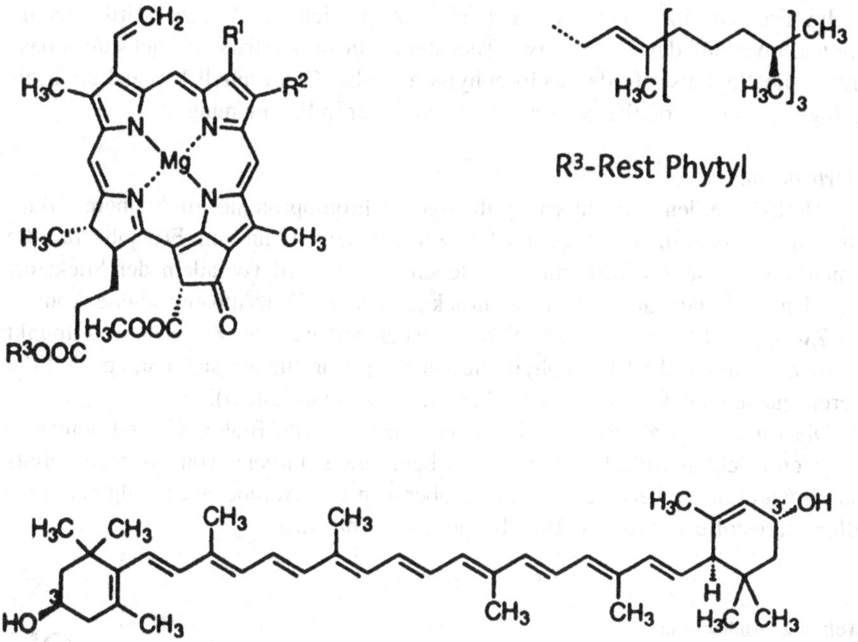

Abb. 4.1 Chlorophylle (a: R^1CH_3, $R^2C_2H_5$, R^3Phytyl; b: R^1CHO, $R^2C_2H_5$, R^3Phytyl) und Xanthophyll Lutein als Blattfarbstoff

Chromoproteine, also an Proteine gebunden, vor. Auf die Mechanismen der Photosynthese wird hier nicht näher eingegangen, da die anhand der Blattfärbung in der Natur sichtbaren chemischen Phänomen im Vordergrund stehen.

Chlorophyll a (blaugrün) ist das zentrale Photosynthesepigment. Das Verhältnis zum Chlorophyll b (gelbgrün) wird mit 3:1 angegeben. Die beiden Pigmente unterscheiden sich bezüglich einer Seitengruppe am Tetrapyrrolring, der beim Chlorophyll a ein Methylgruppe und beim Chlorophyll b eine Formylgruppe (-CHO) aufweist.

Für die Aufnahme von Photoenergie aus dem Sonnenlicht absorbiert Chlorophyll a nur im Spektralbereich des nahen UV-Lichts bis 450 nm und im Bereich zwischen 600 und 700 nm. Die Lücke dazwischen wird als Grünlücke bezeichnet. Infolge der Verschiebung des Absorptionsspektrums von Chlorophyll b im nahen UV-Bereich bis 500 nm wird diese Lücke zu einem Teil gefüllt. Eine weitere Ausfüllung der Grünlücke erfolgt durch akzessorische Pigmente – bei höheren Pflanzen durch Carotinoide, vor allem durch Xanthophylle. Das Xanthophyll Lutein (Abb. 4.1) weist im Unterschied zum ®-Carotin a den Endgruppen OH-Gruppen auf, ist somit polarer. Xanthophylle haben darüber hinaus eine Schutzfunktion für das photosynthetisch aktive Chlorophyll a, da sie die energiereiche kurzwellige UV-Strahlung auffangen können.

Im Frühjahr bzw. bei jungen Trieben zeigt sich ein helleres Grün als im weiteren Verlauf des Jahres bzw. Wachstums. In dieser frühen Wachstumsphase treten die Begleitstoffe des Chlorophylls a – also Chlorophyll b und Lutein als gelbgrün- bzw. gelbfarbene Pigmente – deutlicher in Erscheinung.

Herbstfärbung

Im Herbst werden die chlorophyllhaltigen Chromoproteine zu kleineren Bausteinen abgebaut und aus dem Blatt zurückgezogen, um im Frühjahr für die erneute Synthese zur Verfügung zu stehen. Dabei wird vor allem der Stickstoff aus den Proteinen als Nährstoff zurückgewonnen. Die Abbauprodukte können im Zweig, im Stamm oder der Wurzel gespeichert werden. Zu diesem Zeitpunkt werden die durch die Chlorophylle überdeckten Carotinoide sichtbar, speziell die bereits genannten Xanthophylle (s. Abb. 4.1 – Beispiel Lutein).

Die Birke zeigt als Herbstfärbung nur ein Gelb. Die Blätter vieler Baumarten dagegen leuchten vor allem in roten Farben. Orangefarbene Töne werden bereits durch Carotinoide hervorgerufen, rote aber von den Anthocyanen (allgemein als Blütenfarbstoffe von Rot bis Blau bekannt – s. Abb. 4.2).

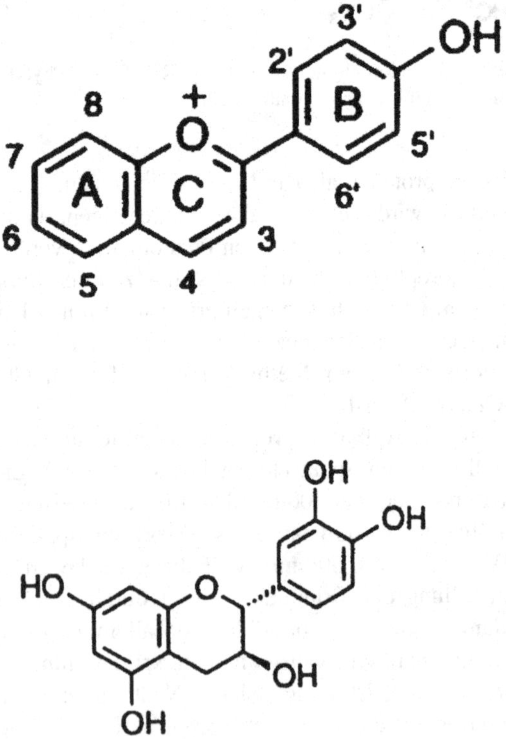

Abb. 4.2 Anthocyane (Grundstruktur) und Catechin-Gerbstoffe

Zur Funktion der Anthocyane, die erst zum Zeitpunkt des Laubfalls synthetisiert werden, gibt es zwei Theorien. Sie könnten zum Schutz vor UV-Strahlen dienen, denn in den Blättern findet, wenn auch in geringerem Maße, im Herbst noch eine Photosynthese statt. Zum Schutz der noch vorhandenen Chlorophylle und Proteine (beim Proteinrecycling) und der Erbsubstanz (auch die Nucleotidbasen unterliegen dem Recycling) ermöglichen sie eine enzymatische Entgiftung reaktiver Sauerstoffspezies. Demnach sehen die Pflanzenphysiologen die Anthocyane im Herbst als „Sonnenschirm für das Blattgrün" – infolge ihrer Synthese im Herbst (noch viel Licht und niedrige Temperaturen) bleiben die Blätter länger funktionsfähig und können den Stickstoff aus den Proteinen effektiver resorbieren.

Eine alternative Hypothese entwickelte William D. HAMILTON (1936–2000, britischer Biologe), der in seiner Coevolutions-Hypothese die herbstliche Farbenpracht als Ergebnis eines „Wettrüstens" sieht. Die Bäume würden mit der roten Farbe signalisieren, dass sie für ihre Wirte ungeeignet seien. Diejenigen Bäume mit dem intensivsten Rot hätten weniger Parasiten. Dagegen konnte der Zoologe Martin Schaefer von der Universität Freiburg diese Hypothese für Blattläuse nicht belegen. Andererseits wurde die Hypothese von Hamilton durch Untersuchungen an Apfelbäumen gestützt. Insgesamt dürften beide Theorien ihre Berechtigung haben. Bei dem Phänomen des „Indian Summer" handelt es sich möglicherweise um das Ergebnis einer auf den nordamerikanischen Kontinent beschränkten außergewöhnlich trockenen und warmen Wetterperiode, eines coevolutiven Wettrüstens.

Phlobaphene

Die Braunfärbung von Blättern durch Phlopaphene ist am besten an den Eichenblättern zu sehen, die erst im Frühjahr vor dem Austrieb neuer Blätter abfallen. Die Bezeichnung dieser Substanzgruppe ist vom griechischen *phloios* = innere Rinde und *baphe* = Farbstoff abgeleitet. Es handelt sich um wasserunlösliche rotbraune Kondensationsprodukte, die aus wasserlöslichen Catechin-Gerbstoffen (speziell in Eichen vorhanden – s. Abb. 4.2 unten) beispielsweise durch die Wirkung von Phenoloxidasen gebildet werden. Auch die Vorstufen der Anthocyane – oligomere Proanthocyanidine – werden in rote bis braunschwarze Phlobaphene umgewandelt, sodass sie sich an den Abbau der Anthocyane anschließen. Phlobaphene enthalten keinen Stickstoff und sind somit Abfallprodukte des Pflanzenstoffwechsels.

4.1 Ahorn

In der Fischbachschen Forstbotanik (1905) im Kapitel „Familie Aceraceae. Ahorne (Acer)" werden zunächst die gemeinsamen botanischen Merkmale beschrieben:

„*Blätter* kreuzweis gegenständig, groß, langgestielt, meist handförmig gelappt, am Grunde herzförmig, ohne Nebenblätter; *Blüten* in Trauben, Doldentrauben oder Trugdolden, eingeschlechtig oder scheinzwittrig, fünfzählig, vor oder nach dem Laubausbruch erscheinend. In der einzelnen Blüte folgen auf den meist fünf-, selten vier- oder mehrteiligen gelb gefärbten Kelch mit dessen Abschnitten alternierend die zarten, spatelförmigen oder mehr ovalen Blütenblätter. In den männlichen Blüten trägt der scheibenförmig verbreiterte Blütenboden meist acht freie, langgestielte Staubgefäße und einen mehr oder weniger verkümmerten Fruchtknoten. Letzterer ist wohlentwickelt in den weiblichen, scheinzwittrigen Blüten, deren kurze Staubblätter aber gewöhnlich steril bleiben. Der schon zur Blütezeit geflügelte Fruchtknoten ist zweifächerig, seitlich zusammengedrückt, enthält in jedem Fach zwei Samenanlagen und trägt auf seiner Spitze einen Griffel mit zwei fadenförmigen Narben.

Die *Frucht* ist eine aus zwei geschlossenen, einsamigen, langgeflügelten Teilfrüchten bestehende und in diese zerfallende Spaltfrucht; Samen ohne Nährgewebe. *Knospen* von kreuzweis gegenständigen Schuppen umhüllt. Beim Laubausbruch entwickeln sich die inneren Schuppen zu grünen, meist rot angelaufenen, länglichen Blättchen, fallen aber sehr bald ab. Die Kotyledonen werden beim Keimen des Samens hoch über den Boden emporgehoben, sind schmal zungenförmig, mit querknittrigen Eindrücken und drei Längsnerven.

Die Gattung *Acer* umfasst sommergrüne, meist raschwüchsige Bäume und Sträucher mit kräftigen, aus Seitenwurzeln bestehendem Wurzelsystem und teilweise hervorragenden Höhen- und Stärkenwachstum. Einzelne Arten führen in Blätter, Blattstielen und jungen Trieben Milchsaftgefäße, andere sind durch Gehalt an Rohrzucker ausgezeichnet. Bei den zahlreichen Arten der Gattung sind in unserem Gebiete nur vier Arten heimisch und drei nur derartig verbreitet, daß sie mehr oder weniger wirtschaftliche Bedeutung gewinnen.“

(Siehe Abb. 4.3).

4.1.1 Bergahorn *(Acer Pseudoplatanus L.)*

(Siehe Abb. 4.4).

„*Botanische Kennzeichen*: *Blätter* derb, handförmig-fünflappig, mit stumpfen Lappen, oberseits dunkelgrün, kahl, unterseits hell graugrün, in den Aderwinkeln behaart. *Blüten*, nach völliger Entfaltung der Blätter aufblühend, in hängenden, gestielten Trauben; Kelch- und Kronenblätter grün, Staubgefäße mit männlichen Blüten lang, Fruchtknoten filzig behaart. *Früchte* ebenfalls hängend, kahl; Nüsschen erbsengroß, kugelig; Flügel der beiden Teilfrüchte nach vorn zusammengeneigt, oben meist breiter als an ihrer aufgetriebenen Basis. *Knospen* kahl, mit grünen, schwarzbraun gerändeten Schuppen, Endknospe größer als die abstehenden Seitenknospen. *Kotyledonen* nach ober verschmälert; Promordialblätter nicht gelappt, eiförmig länglich, grob gesägt. *Rinde* lange Zeit glatt und grau. Späterhin bildet sich eine charakteristisch in breiten flachen Schuppen abblätternde, helle Borke.

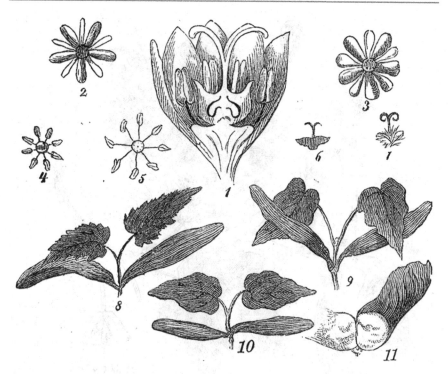

Abb. 4.3 Pflanzenteile von Berg-, Spitz- und Feldahorn zum Vergleich (1: Blüte vom Feld-ahorn; 2: ausgebreitete *Blütenhüllen* vom Bergahorn, 3: vom Spitzahorn; 4: *Staubgefäße* einer fruchtbaren Blüte, 5: einer unfruchtbaren Blüte; 6: *Stempel* vom Spitzahorn, 7: vom Bergahorn; 8: *Keimpflanze* vom Bergahorn, 9: vom Spitzahorn, 10: vom Feldahorn; 11: Frucht vom Feld-ahorn). (Fischbach 1905 – Abb. 67)

    Standort und Vorkommen: Der Bergahorn beansprucht sehr mineralkräftigen, lockeren, tiefgründigen Boden mit hinreichender und andauernder Frische und gedeiht nicht auf flachgründigen streng-lehmigen, tonigen oder stagnierend nassen Standorten. Luft-feuchtigkeit ist ihm wichtiger als Luftwärme; er bevorzugt daher schattige Bergseiten und kühlere, luftfeuchte Gebirgstäler. Nur in den höheren Lagen lieg er die Sonnenseiten. Sein Lichtbedarf ist mäßig, in der Jugend vermag er leichte Beschattung zu ertragen.

    (…)

    Wuchs und Holzgüte: In der Jugend raschwüchsig, entwickelt sich der Bergahorn im Bestandsschlusse zu hochstämmigen Baum mit vollholzigem, astreinen Schaft, der Abschluss des Höhenwachstums ansehnliche Stärkendimensionen zu erreichen vermag. Freistand hingegen befördert die Ausbildung einer starken, vielfältigen Krone auf Kosten der Schaftbildung…

    Das feinfaserige, harte, feste, sehr brennkräftige Holz ist geschätzt als gutes Tischler-, Wagner- und Drechslerholz; das Laub dient mancherorts als Viehfutter.

    (…)"

Das *Holz* vom Bergahorn wird als mittelschwer, hart, elastisch und zäh beschrieben. Es ist wenig wasserempfindlich und daher sind auch klassische Wirtshaustische in der Regel aus massivem Ahorn gefertigt. Die Oberfläche des

Abb. 4.4 BERGAHORN – Blütenzweig, links darüber unfruchtbare Blüte; rechts: Doppelfrucht, aus einer Blüte entstanden; unten: aus der Fruchthülle ausgelöstes Samenkorn. (Fischbach 1905 – Abb. 68)

Holzes lässt sich leicht polieren, beizen auch einfärben sowie lackieren. Weitere Anwendungen sind: Furniere, Parkett, Möbel und Musikinstrumente.

4.1.2 Spitzahorn *(Acer platanoides L.)*

„*Blätter* ungefähr so groß wie beim Bergahorn, mit zugespitzten, durch abgerundete Buchten getrennten Lappen, rot gestielt, beiderseits glänzend, unbehaart, in den Rippen Milchsaft führend. *Blüten* vor dem Laubausbruche Blühend, in aufrechten Doldentrauben, grünlichgelb; Staubblätter der männlichen Blüten so lang die die Blumenblätter, Fruchtknoten kahl. *Früchte* hängend, mit weit abstehenden, großen Flügeln; der einzelne Flügel bildet mit dem gemeinsamen Fruchtstiel nahezu einen rechten Winkel und ist nach außen nur wenig breiter als innen. Nüsschen zusammengedrückt, abgeplattet, groß. *Knospen* kahl, glänzend, rot überlaufen, nach dem Rande zu heller, Endknospe auch hier größer als die dem Zweige angedrückten Seitenknospen. *Kotyledonen* der Keimpflanze etwas breiter als beim Bergahorn; Promordialen ähnlich, aber nicht grobgesägt, sondern schwach dreilappig, ganzrandig. *Rinde* frühzeitig längsrissig borkig, blättert nicht ab.

Standort und Vorkommen: Der Spitzahorn ist nicht so anspruchsvoll als der Bergahorn und gedeiht auf weniger tiefgründigen und trockneren Böden; andererseits verträgt er auch mehr Feuchtigkeit und geringere Luftwärme.

(…)

Wuchs und Holzgüte: Bleibt im Höhen. Und Stärkenwachstum trotz größerer Nachwüchsigkeit in der Jugend hinter dem Bergahorn zurück, übertrifft diesen aber vielfach in der Stammausformung.

(…)"

(Siehe Abb. 4.5).

Das Holz wird im Vergleich zu demjenigen des Bergahorns wegen seiner besseren Festigungseigenschaften und höheren Dichte (0,62 zu 0,59 g/cm^3) für Anwendungen mit besonderen Anforderungen bevorzugt.

Zum Spitz-Ahorn schrieb Otto Schmeil („Leitfaden der Botanik" 1908):

„Der **Spitz-Ahorn** (Acer platanoides) wird als Alleebaum, sowie seines festen zähen Holzes wegen überall hoch geschätzt. Den Artnamen führt er von den schön geformten *Blättern*, deren 5 bis 7 Lappen in feine Spitzen ausgezogen sind. Die *Blüten* (beschreibe sie!) sind trotz der unscheinbaren, gelbgrünen Färbung doch auffällig (Bedeutung?); denn sie öffnen sich vor der Entfaltung des Laubes und stehen in großen, aufrechten Sträußen beieinander. An dem *Fruchtknoten* bilden sich nach dem Verblühen 2 Erhebungen, die allmählich zu großen Flügeln auswachsen. Die reife Frucht spaltet sich in zwei einsamige Teile. Fallen die Teilfrüchte vom Baume herab, so geraten sie gleich Windmühlenflügeln gleich in kreisende Bewegung. Daher sinken sie auch nur langsam zum Boden nieder, so daß sie leicht vom Winde verweht werden können. Infolge dieser Einrichtung vermag also

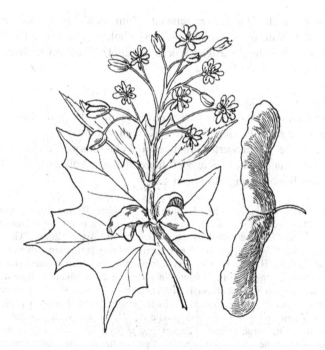

Abb. 4.5 SPITZAHORN – Blütenzweig, Blatt, Frucht. (Fischbach 1905 – Abb. 69)

Ahorn seine verhältnismäßig schweren Samen, die sonst sämtlich unter den Baum fallen würden, über einen großen Bezirk auszustreuen…"

Der Baum im Einzelnen

- *Wuchsform:* bis 35 m hoch, max. 1 m dicker Stamm
- *Rinde.* anfangs hellgrau, glatt; Borke: dunkelgrau bis schwärzlich, dicht längs-rissig, nicht abschuppend
- *Knospen:* meist weinrot
- *Triebe:* mit großen, seitlich zusammenstoßenden Blattnarben
- *Blattstiele:* mit Milchsaft
- *Blätter:* mit 5–7 langgespitzt gezähnten Lappen und abgerundeten Buchten, schwach glänzend; Herbstfärbung gelb bis rötlich
- *Blüten:* vor oder mit dem Laubaustrieb, stehen aufrecht in Schirmrispen; Insektenbestäubung (Bienenfutter)
- *Früchte:* Spaltfrüchte mit 2 flachen Nüsschen, Flügel beider Teilfrüchte stehen stumpfwinklig bis waagerecht zueinander
- *Holz:* Der *Holzhandel* unterscheidet selten zwischen Bergahorn (*Pseudoplatanus* L.) und Spitzahorn, deren Holz sich sehr ähnelt: gelblich-weiß bis fast rein weiß, Jahresringe deutlich, Splint und Kern fast farbgleich.

4.1.3   Feldahorn (*Acer campestre L.*)

Name: Er wird auch *Maßholder* genannt. Zum Feld-Ahorn sind zahlreiche regional begrenzte Volksnamen bekannt – so Maßholder (Elsass und Eifel), Holder bezieht sich auf den holunderartigen Wuchs; Hartholz (Eifel am Kellberg), Klein-Rüster (Schlesien).

Beschreibung:
Er gehört zur Gattung der Ahorne *(Acer)* in der Familie der Seifenbaumgewächse *(Sapindaceae)* wie auch die Gemeine Ross-Kastanie (s. dort).

Ein noch heute lesenswerter Text zum Feld-Ahorn stammt von E. A. Roßmäßler aus seinem Buch „Die vier Jahreszeiten" (Volksausgabe 1856), der auch zu eigenen Beobachtungen anregen soll:

„Unter den Büschen, über welche die Eichen und andere Bäume hoch emporragen, finden wir einen, welcher sich durch eine besonders schöne Blattform auszeichnet. Es ist der Ahorn, eine in- und außerhalb Deutschlands viele Arten zählende Gattung [in Europa heute etwa 13 Arten], welche immer durch schöne Blattformen sich auszeichnet. Unser Busch ist ein F e l d a h o r n, Acer campestre, der seinen Namen von seinem häufigen Vorkommen in Feldhölzern trägt. Wir sehen die etwa zolldicken Äste mit einer weichen rissigen dicken Korkschicht bekleidet, was sie früher, als die ehrbare lange Pfeife noch nicht so von der Zigarre in die Enge getrieben war, als Pfeifenrohre beliebt machte. Am Ahorn finden wir zum ersten Male die Blätter paarweise gegenüberstehen, doch so, daß die Blätterpaare immer kreuzweise in ihrer Richtung abwechseln. Man nennt diese Stellung die kreuzweise gegenständige. Sie hat wie die Blattstellung auf die Anordnung der Zweige des Baumes und also auf die ganze Baumgestalt einen Einfluss,

weil die Knospen immer die Stellung der Blätter haben, aus deren Achseln sie bekannt-
lich entspringen. Unsere Bäume müssten sich daher noch vielmehr schon in der ganzen
Gliederung ihrer Kronen unterscheiden, wenn aus jeder Knospe sich auch immer wirk-
lich ein Trieb und alle Triebe gleicherweise sich auch zu gleich vollkommenen Zweigen
und Ästen entwickelten. Das ist aber nicht der Fall, weil immer einzelne Knospen verkümmern und so Lücken und Unregelmäßigkeiten in der Verzweigung hervorbringen,
wenn auch die Knospenstellung noch so regelmäßig ist, wie z. B. bei den Ahornen, ist.
In wärmeren Zonen ist das anders, da erfreut sich in der Regel jede Knospe einer vollkommenen Entfaltung, mit Ausnahme etwa der an dem unteren Theile der Triebe
stehenden. Dadurch erhalten viele tropische Bäume eine sehr regelmäßiges aber oft auch
ein steifes Aussehen, während unser raueres Klima durch Fehlschlagen vieler Knospen
unseren Bäumen die geniale und malerische Wildheit verleiht.

Die Blätter des Feld-Ahorns finden wir durch tiefe Einschnitte in Lappen gespalten,
deren wir mehr oder weniger entschieden drei oder fünf zählen, und deren Seiten meist
ziemlich gleichlaufend sind. Jeder Hauptlappen zeigt einige seichtere stumpfe Zähne. Die
Blattstiele sind ziemlich lang und auffallend dünn, was dem freistehenden Busche, der
zuweilen doch zum niedrigen Baume wird, eine zarte, leicht bewegliche Belaubung gibt.“

(Siehe Abb. 4.6).

In der Hohenheimer Holzbibliothek (digital) ist der *Acer campestre* als „Der
Masholder-Ahorn“ in der Serie B-Laubgehölze verzeichnet – mit weiteren Trivialnamen:

„Maßholder. Eßdorn. Maßeller. Eperlein. Aplern. Appeldören. Wittenborn.
Schwepstockholz. Weißlöber. Weißbaum. Weißeper. Waßeralben. Kleiner Ahorn.“

Abb. 4.6 Feldahorn – Blätter am Zeig mit Blüte. (Fischbach 1905 – Abb. 70)

Der Baum im Einzelnen

- *Vorkommen:* in krautreichen Eichen-Hainbuchen-Wäldern, Laub-, Au- und strauchreichen Buchwäldern, an Wald- und Feldrändern
- *Wuchsform:* klein bis mittelgroß, mit kurz, oft gekrümmtem Stamm und rundlicher, uregelmäßiger, aber dicht belaubter Krone, bis zu 10 m hoch
- *Wurzeln:* Herzwurzeln sehr verästelt und tiefgehend
- *Äste:* schräg aufsteigend, kurz, unregelmäßig gegabelt, nur wenig überhängend
- *Rinde:* braun, glatt, reißt netzartig auf, dann grau- bis schwarzbraun, durch Längs- und Querrisse fest rechteckig gefeldert, schwach abschuppend mit orangebraunen Furchen als Borke
- *Knospen:* 4 mm lang, kreuzgegenständig angeordnet, eiförmig, vorn abgerundet oder leicht zugespitzt, mit 4 dunkel- bis rotbraunen Knospenschuppen und dunklem Streif quer durch die Schuppenmitte, weißflaumig bewimpert, an der Spitze behaart
- *Blätter:* gegenständig, relativ klein, beim Austrieb rot, Länge und Breite zwischen 5–10 cm, etwas ledrig, am herzförmigen Grund fünfnervig, bis zu einem Drittel bis zur Hälfte buchtig eingeschnitten, drei- bis fünflappig, Oberseite dunkelgrün und verkahlend, Unterseite graugrün, fein behaart, Blattstiel 5 cm, Laub im Herbst intensiv gelb bis goldgelb
- *Blüten:* erscheinen zusammen mit den Laubblätter (April/Mai), Blütenstand aus kurzem 5-20blütigem, oft flaumig behaarten Doldentrauben mit sowohl zwittrigen als auch eingeschlechtigen männlichen und weiblichen Blüten, Blüten 10–15 mm lang, mit je 5 gelbgrünen, behaarten Kelchblättern und längliche Kronblätter sowie 8 kleinen Staubblätter, rund angeordnet, Fruchtknoten aus 2 Fruchtblättern mit langem Griffel, Narbe mit zwei langen Ästen
- *Frucht:* kleine, meist graufilzige Nüsschen (Schließfrucht) mit kahlen, waagerecht abstehenden Flügeln (3–5 cm lang, 7–10 mm breit), reifen ab Ende August, Samenverbreitung durch den Wind
- *Holz:* rötlichweiß bis fast weiß, kernlos, meist schön gemasert, sehr hart, elastisch, nach dem Hobeln mit seidigem Glanz; Verwendung: als Drechsler-, Schnitz- und Tischlerholz, auch für Parkettböden und Möbel.

4.2 Birke

Zu den *Betulaceaa,* den Birkengewächsen, zählen 6 Gattungen mit ca. 170 Arten. Es sind laubabwerfende, windblütige Bäume und Sträucher, mit den Hauptgattungen *Betula* = Birke und *Alnus* = Erle (Abb. 4.7).

Dazu ist in der Fischbach'schen Forstbotanik (1905) zu lesen:

„Betuleae.
Hierher gehören die beiden Gattungen Birke (*Betula*) und Erle (*Alnus*). Da sie sich systematisch nahestehen, hatte Linné beide Gattungen unter *Betula* vereinigt. Sie unterscheiden sich in folgenden Punkten: Die Anlage zur weiblichen Blüte ist bei *Betula* während des Winters in den Knospen eingeschlossen, bei *Alnus* dagegen meist frei.

Abb. 4.7 BIRKEN 1: Blütenzweig mit zwei männl. u. einem weibl. Kätzchen, 2: die drei Blättchen der männl. Blüte, 3: die drei Schuppen die männl. Blüte, 4: Fruchtknoten hinter dem dreilappigen Deckblatt der Hänge(Weiß)birke *(B. pendula)*, 5: Fruchtknoten der Moorbirke *(B. pubescens)*, 6: Frucht der Hängebirke bzw. 7: der Moorbirke, 8: Schnitt durch Fruchtknoten mit Eiern zur Blütezeit, 9: Deckblatt, 10: Fruchtstand, 11: Keimpflanze, 12: Blütenzeig im Winter, 13: Blatt der Hängebirke bzw. 14: der Moorbirke. (Abb. 39 aus Fischbach 1905)

Zur Blütezeit zeigen sich die Kätzchenschuppen bei *Betula* aus drei, bei *Alnus* aus fünf Blättchen gebildet; hinter denselben stehen bei den männlichen Blüten dort drei, hier zwölf Perigonblättchen. Die weiblichen Schuppen tragen bei den Erlen zwei, bei den Birken drei Fruchtknoten, aus denen sich Früchte bilden, die bei *Betula* geflügelt, bei *Alnus* meist ungeflügelt sind; dort zerfallen die Fruchtzäpfchen, hier werden sie holzig, bleiben ganz und lassen die Samen zwischen den Deckschuppen austreten. Die Knospen endlich sind bei den Birken immer sitzend, bei den Erlen meist gestielt."

4.2.1 Gemeine Birke *(Betula pendula)*

Auch Weiß-, Hänge- oder Sandbirke genannt wird sie maximal 30 m hoch und bis zu 120 Jahre alt mit einem Hauptvorkommen im nordisch-eurasiatisch-sub-ozeanischen Areal. Beheimatet ist sie in fast ganz Europa, in Sibirien, Kleinasien und im Kaukasus.

Als *Die weiße Birke. Betula alba,* beschreiben sie Kraß und Landois (1893) wie folgt – mit einem Text, die noch heute gültig ist:

„Wollen wir unsere Häuser bei irgend einer bürgerlichen oder kirchlichen Feier besonders schmücken, so wählen wir vor allem die schönen Birkenstämmchen, die Maibäume, dazu, die durch ihren Wuchs und ihre Blätter zu einem solchen Schmucke besonders geeignet sind. Auch zur Zierde von Gärten und Parkanlagen werden die Birken gern angepflanzt. Eine aufmerksame Pflege verlangen sie nicht. Denn selbst auf magerem und trocknem Boden kommen sie noch fort. Den Namen ‚weiße Birke' hat sie von der Farbe der Rinde in dem mittleren Alter bekommen. Die Oberhaut der jüngern Zweige, die bei alten Bäumen meist, zierlich, selbst haarförmig herabhängen, ist bräunlich. Von der weißen Rinde springen oft Stücke streifenweise los und zeigen dabei deutlich die zahlreichen Schichten. Die Rinde wird wohl zu Dosen, namentlich Schnupftabakdosen, verarbeitet, auf denen man durch Pressen allerhand halberhabene Bilder hervorbringt. Alte Stämme dagegen haben eine rissige Rinde von fast schwarzer Farbe; sie erreichen ein Alter von etwa 150 Jahren. Das Holz der Birken wird in mannigfacher Weise benutzt; aus den Zweigen macht man Birkenbesen und Birkenruten; das Holz der Stämme dient entweder als Brennholz, namentlich zum Heizen der Backöfen, oder als Werkstoff zur Anfertigung von Möbeln und Wagenstücken. Zu Bauholz taugt es nicht, da es bald durch Pilze angegriffen und morsch wird. Gegen Mitte März ist der Saftstrom in den Birken so stark, daß aus angebohrten Stämmen in kurzer Zeit mehrere Liter Birkensaft ausfließen; daraus bereitet man den sogenannten *Birkenwein.* Geschieht das Abzapfen zu lange oder wird die Wunde nicht gehörig verkeilt, so geht der Baum ein. Daher ist das Anbohren der Birken verboten. Die Birke gehört zu den *einhäusigen Pflanzen.* An den walzigen Kätzchen der Staubgefäßblüten befinden sich 3teilige Schuppen, an denen innerer Seite je 3 Blütchen sitzen, mit zusammen 6 Staubgefäßen; jeder Staubfaden trägt 2 Staubbeutel. Nach dem Verstäuben fallen viele Kätzchen ab. Auch die walzenförmigen, an langen Stielen hängenden Stempelblütenkätzchen zeigen auf der Innenseite von 3lappigen Schuppen meist 3 Blüten mit je 2 Narben. Aus dem Fruchtknoten entwickelt sich ein *1samiges, geflügeltes Nüsschen,* dessen Flügel doppelt so breit und ein wenig länger sind als der Same selbst. Die *lang zugespitzten, kahlen Blätter,* deren Rand doppelt gesägt erscheint, dienen einem nützlichen Zwecke. Man gewinnt aus ihnen zwei Farben: das Schüttgelb und Schüttgrün…"

Zum *Birkensaft* ist im Kosmos-Naturführer „Welcher Baum ist das?" (2020) vermerkt, dass er „noch heute zu belebenden Frühjahrskuren und in Haarwässer" gehöre.

Die Fischbach'sche Forstbotanik unterscheidet die beiden wichtigsten Birkenarten – **Hänge-Birke** (*Betula pendula,* bei Fischbach noch *B. verrucosa* Ehrh.) und **Moor-Birke** *(Betula pubescens).* Die Moorbirke, dort als „Ruchbirke" bezeichnet, gehörte nach der letzten Eiszeit zu den ersten Bäumen in Mitteleuropa wieder besiedelten. Das Holz der Hänge-Birke spielte vor dem Zeitalter der Kunststoffe eine große Rolle bei der Herstellung von Propellern, Flugzeugflügeln, Skier, Schlittenkufen und Nähgarnrollen.

„Botanische Unterscheidungsmerkmale zwischen den beiden Birken: Die bei beiden Arten ziemlich zu derselben Zeit erscheinenden Blüten zeigen fast keine Unterschiede; in der Frucht aber sind Verschiedenheiten insofern vorhanden, als die Samenflügel bei der *(B. pendula)* breit und über die Ende des Nüsschens emporgezogen sind, was beides bei *pubescens* nicht in dem Maße der Fall ist. Die Blätter sind am leichtesten unmittelbar nach dem Ausbruch der Knospen zu unterscheiden. Sie sind bei *pubescens* namentlich in

der Jugend mit zerstreuten, weichen Haaren besetzt, glänzend, meist lichter grün, derb und rhomboidal mit kürzerer Spitze; bei *pendula* dagegen sind sie unbehaart, trocken, matt, dreieckig, länger zugespitzt und beiderseits mit Drüsenschuppen versehen. Bei *pubescens* sind die Triebe ähnlich wie die Blätter in der Jugend mit weichen Haaren dicht besetzt, bei *pendula* dagegen infolge von Wachsharz absondernden Drüsenschuppen warzig und rau anzufühlen. Im Alter und gegen den Herbst verschwinden die angeführten Merkmale zum Teil, so daß dann die Unterscheidung beider Arten manchmal keineswegs leicht ist."

Die Bäume im Einzelnen – zur Unterscheidung der beiden Arten.
B. pubescens im Unterschied zu *B. pendula:*

- *Äste:* starr spitzwinklig bis waagerecht abstehend, Zweigspitzen nicht oder kaum hängend
- *Triebe:* zur Spitze hin dicht samtig behaart, verkahlend
- *Blätter:* derber, Spreite ei- bis rautenförmig, Ecken abgerundet, Rand einfach bis doppelt gesägt, Unterseite und Blattstiel flaumig
- *Frucht:* Flügel meist nicht viel breiter als die Nüsschen; Mittellappen der Fruchtschuppe verlängert, Seitenlappen meist nach vorn ausgerichtet
- *Holz:* weiß bis gelblich, auch rötlichweiß bis hellbraun, oft mit braunen, ringförmig sitzenden Punkten (Markflecken); Markstrahlen ohne Lupe kaum zu erkennen
  Verwendung des relativ weichen, zähen und elastischen Holzes mit leicht seidigem Glanz als Schnitt- und Rundholz für Sperrholz und Furniere.
- *Bäume.* 20–25 m hoch, bis zu 120 Jahre alt.

4.3 Buche

Die Gattung *Fagus* weist 8 bis 10 ähnliche Arten in der nördlichen gemäßigten Zone Europas, Asiens und Nordamerika auf. Es handelt sich bei allen Arten um sommergrüne Bäume. Die am weitesten verbreitete Art ist die **Rotbuche** (*Fagus sylvatica* L.). Sie wird auch forstwirtschaftlich als die konkurrenzstärkste Baumart mit Arealschwerpunkten in West- und Mitteleuropa bezeichnet. Mit Stammdurchmessern bis zu 1,5–2 m erreicht sie ein Alter von 300–500 Jahren.

Beschreibung:
In der „Forstbotanik" (1905) von H. Fischbach wird sie wie folgt beschrieben:

„*Botanische Merkmale:* Die männlichen Blüten bilden kugelige, an langen weichen Stielen hängende Kätzchen, die am Grund der jungen Triebe entspringen. Das einzelne Blütchen besteht aus einem glockenförmigen, unregelmäßig gezähnten, stark gewimperten kelchähnlichen Perigon [Blütenhülle], das in seinem Innern acht bis zwölf Staubgefäße einschließt. Die weibliche Blüte steht am oberen Teil der jungen Zweige auf kurzem, aufgerichtetem Stiel und hat schon einige Ähnlichkeit mit der Frucht. Die Kupula [Fruchtbecher] besteht aus weichen, ebenfalls lang behaarten Niederblättern und schließt die beiden dreiseitigen Fruchtknoten bis an die Spitze so ein, daß nur noch die zweimal drei Narben davon sichtbar sind. Jede weibliche Blüte besitzt ein sechsteiliges, mit dem

Fruchtknoten verwachsenes Perigon. Der Fruchtknoten selbst ist dreifächerig und hat in jedem Fache zwei Samenanlagen, die aber in der Regel bei der weiteren Entwicklung bis auf eine verkümmern. Die reife Kupula ist hart und fest und springt vierklappig auf, um die beiden Bucheln (Eckern) austreten zu lassen. Die hervorragenden Enden der die Kupula bildenden Niederblätter sind weichstachelig.

Die Laubblätter sind eiförmig, stumpf, ganzrandig und am Rande im Frühjahr mit langen, weichen, bald hinfälligen Haaren besetzt."

Auch dieser Text eignet sich besonders gut als Anleitung zu eigenen Beobachtungen!

Zum Vergleich sei die Beschreibung aus dem populär-wissenschaftlichen Lehrbuch „Der Mensch und die drei Reiche der Natur. 2. Teil: Das Pflanzenreich" (Freiburg 1893) zitiert, auch weil der eine Autor – Hermann *Landois* (1835–1905) ein besonders interessante Persönlichkeit seiner Zeit war. Der Gründer des *Westfälischen Zoologischen Gartens* in Münster (heute Allwetterzoo Münster) sowie des *Westfälischen Provinzialmuseums für Naturkunde* 1874 (heute LVL-Museum für Naturkunde) war zunächst als katholischer Priester und Lehrer am Gymnasium Paulinium in Münster tätig, wo er als einer der ersten deutschen Pädagogen zu Unterrichtszwecken regelmäßig biologischen Präparate anfertigte. Der westfälische Schriftsteller Josef Winckler (1881–1966) verewigte ihn in dem Roman „Der tolle Bomberg, ein westfälischen Schelmenroman" (1923) als Freund des ebenso schrulligen Gisbert Freiherr von Romberg (1839–1897), einem westfälischen katholischen Adeligen aus der Familie von Romberg (s. auch zum Romberg-Park in Dortmund als Arboretum in Abschn. 6.2) (Abb. 4.8).

Der Text zur Rotbuche von Landois und Kraß (1893) lautet:

„Ein in mehrfacher Hinsicht nützlicher Baum ist die *Rot-Buche*, Fagus silvática (Bild 133). Sie liefert uns zunächst ein vorzügliches Nutz- und Brennholz; dann wird aus ihrem Samen, den Bucheckern oder Bucheln, ein treffliches Öl gewonnen, und endlich dienen diese zur Mästung des Viehes, besonders der Schweine. Aber sie ist nicht bloß ein nützlicher, sondern auch ein schöner Baum; ein Buchenwald bietet im Sommer einen herrlichen Anblick; der gerade, glatte Stamm macht den Eindruck des Festen, Starken, und die breite, dichte, abgerundete Krone gewährt uns kühlenden Schatten. Wie die Spitzbogen eines gotischen Domes streben die Äste himmelwärts zusammen. Die kurzgestielten, eirunden, ganzrandigen oder ausgeschweift gezähnte Blätter (Bild 134) sind anfangs seidenhaarig gewimpert, später kahl. Auch die Buche trägt zweierlei Blüten. Die Staubgefäßblüten (a,f) hängen büschelig an langen Stielen; je 8–12 Staubgefäße sind umgeben von einem 5-6spaltigen Perigon. In den mit vielen fadenförmigen Schuppen versehenen, meist sitzenden Stempelblüten (b) befinden sich gewöhnlich nur 2 Blüten, deren kleiner Fruchtknoten 3 Griffel trägt. Aus den Blüten entwickeln sich meist 2, von einer stacheligen, in 4 Klappen aufspringen Hülle (c) umgebene 3kantige Nüsschen mit pergamentartiger Außenhaut, den obengenannten Bucheln oder Bucheckern…"

Beim Forstbotaniker Fischbach sind zusätzlich weitere Informationen verzeichnet:

„Die *junge Buchenpflanze* erscheint nach der Herbstsaat sehr früh und zwar mit zwei großen herzförmigen, unterseits weißlichen Samenlappen. Am erstjährigen Trieb entwickeln sich dann noch zwei gegenüberstehende Blätter von der Form eines Buchenblattes. In der Jugend ist die Buche empfindlich gegen Frost und Hitze, auch leidet sie,

Abb. 4.8 ROTBUCHE a,f: Staubgefäßblüten (männl.), b,e: Stempelblüten (weibl.), c: Hülle und Bucheln (Bucheckern), d: Knospen. (Aus: Kraß/Landois, Pflanzenreich, Bild 133)

da ihre Entwicklung zunächst sehr langsam vor sich geht, leicht durch Graswuchs, wenn derselbe nicht durch dunkle Beschattung zurückgehalten wird. Bei ihrem geringen Lichtbedürfnis wird stärkerer Schirmbestand gut vertragen; dieser schützt überdies gegen Frost, Hitze, trockenen Wind u. dgl. Ist in einer Dickung der volle Schluss einmal eingetreten, so steigert sich der Längenwuchs schnell, während der Stärkenzuwachs nur langsam zunimmt.

Wirtschaftliche Vorzüge der Buche: Mit ihrem außerordentlich dichten Baumschlag deckt die Buche den Boden vorzüglich, erhält dessen Kraft wie kaum eine andere Holzart und bessert ihn durch reichlichen Blattabfall im Hebst; sie ist die Nährmutter des Waldbodens, Ebendeshalb eignet sie sich in hervorragender Weise zum Reinanbau und ist in allen Mischungen wertvoll. Ihre nicht tief dringende Verwurzelung kann ihr kaum als Nachteil angerechnet werden, da sie bei sonst richtiger Behandlung als sommergrüner Baum vom Wind wenig zu leiden hat.

Geographische Verbreitung: Die Buche kommt in Deutschland, sofern ihr der Standort zusagt, überall vor, ist aber zunächst ein Gebirgsbaum und findet ihre hauptsächliche Verbreitung in der unteren Bergregion. Feuchte Waldluft, kühle, von der Sonne abgelegenen Orte sind ihr besonders angenehm. In den süddeutschen Gebirgen steigt sie bis 1100 und 1200 m, bevorzugt aber dann die Südost- und Südhänge.

Standortansprüche: Die Buche gehört zu den anspruchsvollen Holzarten. Sie verlangt mineralisch kräftige, frische, humusreiche Böden. Kalkgehalt derselben ist ihr angenehm. Auf ärmeren Sand-, reinen Kalk- und sehr bindigen Tonböden gedeiht sich nicht oder wenigstens nur bei sorgfältiger Schonung der Bodenkraft. Geht letzere durch Streunutzung, fehlerhafte Wirtschaft usw. verloren, so verschwindet auch die Buche, oder sie bleibt wenigstens kurz und wird gipfeldürr. Stagnierende Nässe verträgt sie durchaus nicht, ebensowenig sagt ihr Trockenheit des Bodens zu."

FEINDE der ROTBUCHE

- *Buchenwollschildlaus (Cryptococcus fagisufa* Lind.) verursacht kleinste Rindenverletzungen und Rindennekrosen durch Besaugen des Stammes.
- *Spinnmilben (Tetranychidae)* überziehen die Blätter mit feinen Netzen und bringen sie zum Absterben. Sie treten in sehr trockenen Jahren auf.
- *Mehltau,* Echter *(Erysiphaceae)* und Falscher *(Peronosporaceae),* tritt ebenfalls vor allem in sehr trockenen und auch in sehr feuchten Jahren auf. Bei Echtem Mehltau weisen die Blätter einen weißen Belag auf, bei Falschem Mehltau zeigen sich Flecken auf den Blättern.

Der Baum im Einzelnen

- *Wuchsform:* mittelgroßer bis großer, reich verzweigter Baum; Krone anfangs relativ schlank, später ziemlich breit und kuppelförmig gewölbt; im Freistand mit kräftigen, steil aufsteigenden Ästen, mit zum Boden hängenden Zweigen; nach 120 Jahren bis zu 30 m hoch.
- *Winterknospen:* spindelig, bis 2 cm lang, hellbraun, abstehend
- *Blätter:* 1–1,5 cm lang, gestielt, Spreite eiförmig bis elliptisch, 5–9 Paar Seitennerven, Rand schwach wellig, ganzrandig, mitunter stumpf gezähnt, seidig behaart, später verkahlend.
- *Blüten:* männl. Blütenstand mit 4–15 Staubblättern, in hängenden, langgestielten, reichblütigen Knäueln; Pollen kugelig, 34–45 μm Durchmesser, 3 von Pol zu Pol verlaufende Porenfalten; weibl. Blütenstand aufrecht, gestielt, Einzelblüte mit 3 Narben.
- *Frucht:* Fruchtstand mit 2 scharf dreikantigen, braunen Nüssen (Bucheckern), umgeben von einer beschuppten (oder auch stachelborstigen), vierklappig aufspringenden Cupula (geschälte Früchte enthalten 45–50 % Öl, bezogen auf das Trockengewicht). – In der Fruchtbildung tritt stets eine Pause von mehreren Jahren ein.
- *Wurzel:* Herzwurzelsystem, dessen Wurzeln schräg in den Boden wachsen.
- *Rinde:* anfangs bleigrau bis graubraun, glatt, etwas glänzend, dann gefleckt, im Alter silbergrau, oft mit vielen Rindenknollen, ein wenig aufgeraut, aber nicht rissig; graubraune bis weißgraue, glatte, dicht verzweigte Zweige aus rötlichem Holz
- *Holz:* rötlich-weiß (frisch gefällt weißgelb, später schwach rötlich – daher auch der Name), Gefäße klein, zerstreutporig, Holzstrahlen breit, Splint- und

Kernholz farblich gleich, allgemeine Eigenschaften: hart, zäh, gut spaltbar; Verwendung: Bau- und Möbeltischlerei, Konstruktions- und Schwellenholz, zur Herstellung von Zellstoff, Sperrholz, Tischler-, Furnier- und Spanplatten, von Holzwerkzeugen und Spielwaren; gutes Brennholz.

4.4   Eiche

4.4.1   Stiel- und Trauben-Eiche

Beide, weit in Europa verbreiteten Eichen erreichen Höhen bis über 40 m; die Krone der Trauben-Eiche ist breit, hochgewölbt und sitzt auf einem ziemlich geradem Stamm mit grauer Rinde, die feine Risse und Furchen aufweist.

Bei der Stiel-Eiche (*Quercus robur* L.) ist die gewölbte, breite Krone unregelmäßig aufgebaut, die Rinde hellgrau mit dichtem Leisten- und Furchenmuster. Die Äste sind an der Basis massiv, vielfach gekrümmt, meist niedrig am Stamm sitzend; die jungen Zweige sind bräunlich-grün, flaumhaarig und werden später kahl.

Bei der Trauben-Eiche (*Qercus petraea* Liebl.) gehen die Äste strahlig vom Stamm ab und sind ziemlich gerade; die jungen Zweige sind dunkel purpurgrau gefärbt, kahl und später grau bereift.

In der gemäßigten und mediterranen Zone der nördlichen Halbkugel zählt man heute etwa 280 Arten – mit einem gemeinsamen Gattungsmerkmal, der in Einzahl in einem Fruchtbecher sitzenden Nuss (Eichel). In Deutschland spielen die genannten Arten forstlich die wichtigste Rolle.

Die *Stiel-Eiche* ist vor allem in Flussauen und tiefen Lagen zu finden, benötigt tiefgründige, frische Böden und erträgt auch Überschwemmungen. Sie ist somit eine wichtige Baumart der Auwälder. Sie erreicht ein durchschnittliches natürliches Alter von bis zu 700 Jahren. Das cyclopore Holz wird für Parkett, Fassdauben, Türen, Zaunpfosten, Treppenstufen und Möbel, als Wasserbauholz und vereinzelt auch zur Furnierherstellung verwendet.

Die *Trauben-Eiche* kommt vor allem im Hügel- und Bergland und in der Ebene auf leichteren, trockenen Böden vor. Ihr Alter ist mit dem der Stiel-Eiche vergleichbar; das meist feinringigere Holz wird häufig als das der Stiel-Eiche für Furniere eingesetzt.

Auch die *Rot-Eiche* (*Quercus rubra* L.) spielt in Deutschland forstlich auch eine wichtige Rolle. Sie kam im 18. Jahrhundert aus dem Osten Nordamerikas nach Europa und unterscheidet sich von den einheimischen Eichenarten durch ihre großen, im Herbst leuchtend roten Blätter. Die nur von einem flachen Becher umgebenen Eicheln reifen erst im 2. Jahr. Die Roteiche wird bis zu 35 m hoch, bei einem durchschnittlichen natürlichen Alter von 500 Jahren, wächst auf frischen, lockeren, humusreichen Böden, ist raschwüchsig, bildet einen starken Stamm mit einer weit auslandenden Krone, ist jedoch spät- und frühfrostempfindlich.

Zur Gattung *Quercus* L. zählen etwa 600 Arten mit ihrer Verbreitung in Nord-
und Mittelamerika, in Nordwest-Südamerika, im gemäßigten und subtropischen
Eurasien sowie auch in Nordafrika.

Die Unterscheidungsmerkmale der beiden eingangs genannten Eichen von der
Blüte bis zur Frucht werden im *Katechismus der Forstbotanik* von H. Fischbach
(1862) besonders anschaulich und ausführlich wie folgt beschrieben (der Text
möge vor allem auch zu eigenen Beobachtungen anregen) (Abb. 4.9):

„221. *Wodurch unterscheiden sich die beiden Eichen, hinsichtlich ihres Blüten- und
Fruchtbau's?*
Die männlichen Kätzchen sind bei beiden übereinstimmend, die weiblichen Blüten aber
stehen bei der Stieleiche auf langen Stielen, woher diese eben ihren Namen erhalten
hat; bei der Traubeneiche dagegen sind sie sitzend, und, da sie sich gewöhnlich in der
Mehrzahl ausbilden, zur Zeit der fruchtreife in dichte „Trauben" zusammengedrängt.
Sind sie einmal vom Baum und von der Cupula [becherförmige Ausbildung um Blüten,
auch um Früchte] abgelöst, so ist im einzelnen Falle schwer zu bestimmen, welcher Art
sie angehören, da sie in Form und Größe außerordentlich wechseln. Gewöhnlich sind die
Traubeneicheln mehr oval, kürzer du dicker als die längeren und walzenförmigeren Stiel-
eicheln. Die Blütezeit fällt bei der Stieleiche meist eine bis zwei Wochen früher, als bei
der Traubeneiche; beide reifen aber ihre Früchte zur gleichen Zeit, im Herbst des Jahres
der Blühte.

222. *Sind die beiden Eichen an den Blättern zu unterscheiden?*
In den meisten Fällen; diejenigen der Stieleiche sind sitzend, oder kurz gestielt, während
sie bei der Traubeneiche auf längeren Stielen stehen. Bei dieser ist der Blattrand auf-
strebend, bei jener ohrförmig zurückgebogen und die dadurch entstehenden runden
Lappen sind kraus aufgerollt. Die Form ist bei der Traubeneiche breiter und nicht so lang,
die einzelnen Buchten nicht so tief und weiter, mehr abstehende Lappen bildend. Die Verteilung am Baum ist bei den Blättern der Traubeneiche gleichmäßig, bei der Stieleiche
dagegen büschelförmig, so daß zwischen den Büscheln mehr Licht zum Boden hindurch
kann.
Die Blätter des Keimlings der Traubeneiche sind unterseits behaart, bei der Stieleiche
aber vollständig glatt; die Form ist bei beiden ziemlich übereinstimmend.
In den folgenden Abschnitten (223 bis 236) wird auf forstliche Belange aus der Mitte
des 19. Jahrhunderts eingegangen, von denen nur zwei Beispiele zitiert werden:

227. *Welche Anforderungen macht die Eiche, nachdem sie die ersten Jahrzehnte ihres
Lebens zurückgelegt hat?*
Sie muss schon in der Jugend Gelegenheit haben, ihre Krone ungehindert ausbreiten
zu können, denn nur dann wird Zuwachs in quantitativer und qualitativer Hinsicht ein
angemessener sein. Als Oberholz im Mittenwald erhält sie diese Stellung von selber, im
Hochwald aber sie ihr durch zweckmäßig angelegte Hiebe allmählich gegeben werden;
erst in neuerer Zeit hat man und gewiss mit vollem Recht, verlangt, dass schon die
Stangenhölzer stark durchhauen werden und durch ein alsbald angebautes Bodenschutzholz, die Bodenkraft erhalten bleibe. ‚Die Eiche will barhäuptig sein, aber nicht barfuß.'

228. *Sind reine Eichenwaldungen zweckmäßig?*
Zu Erziehung von Bauholz nicht, weil sich die Eiche im Alter ganz von selbst so licht
stellt, daß der Boden verrast; eher noch sind reine Eichenniederwaldungen zu gestalten,
obwohl auch bei ihnen die Untermischung von betreffenden Holzarten (Hainbuche, Hasel)
Vorzüge haben kann. Mischt man im Hochwald irgend eine stark beschattende Holzart

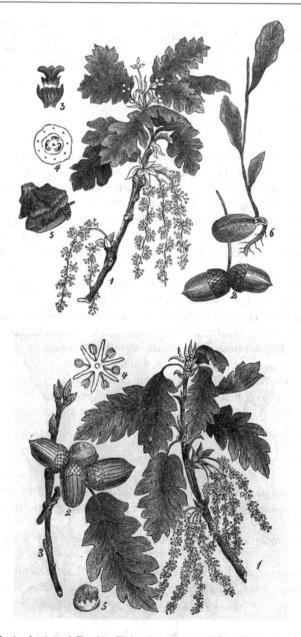

Abb. 4.9 Stiel- (a-oben) und Trauben-Eiche (b-unten) im Vergleich (a) 1: Blütenzweig mit männl. Kätzchen (unten) u. weibl. Blüten an der Spitze, 2: reife Frucht, 3: weibl. Blüte, 4: Querschnitt durch den Fruchtknoten (mit sechs Eiern), 5: Knopper (Gallapfel) auf der Eichel, 6: Keimpflanze. (b) 1: Blütenzweig mit weibl. Blüten nur an der Spitze, 2: reife Früchte, 3. Winterzweig, 4: einzelnes Blütchen des männl. Kätzchens, 5: weibl. Blüte. (Fischbach 1905, Abb. 30 u. 31)

(Buche, Weißtanne, Fichte) unter die Eiche, so muss man dieser letzteren immer einen Vorspring von mehreren Jahrzehnten geben, damit sie auch im späteren Alter noch frei steht und nicht allzufrüh durch Beschattung des rasch nachwachsenden Holzes Not leide oder verschwinde. Ein anderes bewährtes Mittel ist die Erziehung der Eiche in größeren reinen Horsten."

Feinde der Eiche
Zu den häufigen Schädlingen von Eichen gehören:

- *Grüner Eichenwickler* (Tortrix viridana L.): Er befällt vorzugsweise ältere Bäume und legt seine Eier in den Endtrieben ab. Nach der Überwinterung schlüpfen im Mai grüne Raupen, die frische Knospen anbohren und später Blätter fressen, die sie mit Gespinsten überziehen.
- *Gemeine Frostspanner* (Kleiner F.: Operophthera brumata L.; Großer F.: Erannis defolaria L.): Sie legen ihre Eier auf der Eiche ab, aus den im Mai Blütenknospen und Blätter fressende Raupen schlüpfen, die einen Kahlfraß verursachen können.
- *Eichenprozessionsspinner* (Thaumetopoea processionea L.): Sie spinnen sich ein Nest in den Zweigen und fressen nachts die Blätter.
- *Schwammspinner* (Lymantria dispar): Sie legen ihre Eier am Stamm und in den Ästen in runden Haufen ab, die einem Schwamm ähneln. Die im Frühjahr geschlüpften Raupen fressen die Blätter in großem Ausmaß.
- *Eichenprachtkäfer* (Agrilus biguttatus Fabr., zweipunktig): Er tritt vor allem nach trockenen Sommern auf, bevorzugt ältere Eichen mit kräftigem Stamm und stärkerer Borke, hinter der sich der Larven verstecken. Sie fressen Gänge in Stamm und Äste, wodurch die Saftzufuhr unterbrochen wird und Äste absterben.

Die **Stiel-Eiche** im Einzelnen (auch Sommer-, Früh-, Masteiche genannt):

- *Wuchsform:* gerader Stamm mit unregelmäßiger hoher und breiter Krone, im Freistand tiefastig, kurz- und dickschäftig mit kugelig gewölbter, weit ausladender Krone
- *Äste:* kräftig, mehrfach gekrümmt oder gedreht, knorrig und unregelmäßig verzweigt
- *Wurzel:* anfangs starke Pfahlwurzel, später kräftige Herzwurzeln
- *Rinde:* anfangs silbergrau glänzend (Lohrinde), reißt zwischen dem 15. und 30. Jahr auf, entwickel sich zu einer dicken, längs- und tiefgefurchten graubraunen Borke
- *Knospen:* am Zweigende gehäuft, dick-eiförmig, vorn zugespitzt oder abgerundet, Seitenknospen vom Zwei abstehend; Knospenschuppen anliegend, hell- bis gelbbraun, vorn abgerundet, mit schmalem braun und weiß bewimpertem Rand

- *Blätter:* wechselständig, 4–9 mm lange Stiele, länglich verkehrt eiförmig, vorn stumpf, am Grund geöhrt, 10–12 cm lang, 7–8 cm breit, mit 4–7 rundlichen Lappen, asymmetrisch, bis zur Hälfte der Blattspreite eingebuchtet, derb, Oberseite matt dunkelgrün, Unterseite hell-bläulich-grün, Mittelrippe leicht geschwungen, Blattnerven deutlich sichtbar; im Herbst Blätter orangebraun verfärbt
- *Blüten:* männliche Blüten mit schmalen, gelblich-grünen Blütenhüllblättern, 6–10 Staubblätter mit kahlen Staubbeuteln, hängen in 2–4 cm langen, locker-blütigen Kätzchen an Grund neuer Triebe; 1–5 weibliche Blüten kugelförmig, auf langen, behaarten Stielen sitzend, mit Blütenhülle und einem Fruchtknoten mit drei zungenförmigen, gelblichen oder roten Narben
- *Früchte:* walzige, 2–3,5 cm lange, 1–1,8 cm dicke Eicheln, unteres Drittel in einem mit flachen Schuppen bedeckten Fruchtbecher umhüllt, 1–3 Eicheln an 4–8 cm langen Stielen, anfangs grün, dann hellbraun (enthalten reichlich Stärkemehl und Öl als Futter für Hirsch, Reh, Wildschwein und Eichhörnchen)
- *Holz:* ringporig, mit einem schmalen gelblichweißem Splint, meist einem gelb- bis schwärzlichbraunem Kern, sehr fest, zäh, hart und schwer; nach der Bearbeitung matt glänzend;
- *Verwendung des Holzes:* für Zaunpfosten, Eisenbahnschwellen, Pfahl-, Gruben- und Schachtholz, im Brücken- und Schiffsbau, als Fassholz; für Furniere, Werkzeuge, Möbel, Treppen, Parkett, Fenster, Türen, Täfelungen, für Schnitzereien. Eichholz ist schwer, hart und widerstandsfähig aufgrund des Gerbstoffgehaltes gegen Fäulnis (bei Kontakt mit Eisen treten Verfärbungen auf); durch Raubbau wurden zahlreiche natürliche Eichenwälder zerstört.

Die **Trauben-Eiche** im Einzelnen:

- *Wuchsform:* der Stiel-Eiche sehr ähnlich, 20–40 m hoch, mit breiter, hoch-gewölbter Krone, Höhenwachstum besser als bei der Stiel-Eiche, mit schlankerem Stamm, weniger knorrige Äste
- *Rinde:* anfangs glatt, später grau bis graubraun, von Furchen und Rissen durch-zogen; Zweige in der Jugend oliv bis braungrau, rau, kahl, leicht bereift und kantig
- *Knospen:* am Zweigende gehäuft, abstehend, 6–8 mm lange Seitenknospen, Knospenschuppen oben abgerundet oder leicht zugespitzt, hellbraun bis gelb-braun, oft von dunkelbraunen, weiß bewimperten Rändern gesäumt; schlanker als die Knospen der Stiel-Eiche, an den Endknospen häufig fadenförmig aus-gezogene Schuppen
- *Blätter.* wechselständig, gleichmäßig über den Zweig verteilt, 1–2 cm gestielt, 8–12 cm lang, 5–7 cm breit, im Umriss verkehrt eiförmig, am Grund keilförmig verschmälert, vorn abgerundet, symmetrisch in 5–7 Paar rundliche, nicht sehr tief eingebuchtete Lappen gegliedert, oberseitig matt dunkelgrün, unterseitig matt hellgrün
- *Früchte:* Eicheln stehen in Gruppen von 3–7 zu Trauben gehäuft, 2–3 cm lang, 1–1,5 cm dick, im untersten Drittteln am breitesten, stecken bis zu einem Viertel

in einem 1,2–1,8 cm breiten, dicht mit ovalen Schuppen bedecktem Fruchtbecher

- *Holz:* gelblichbraun mit denselben Eigenschaften wie das der Stiel-Eiche und
auch gleicher Verwendung.

4.4.2   Rot-Eiche (Amerikanische Eiche; *Quercus rubra*)

Der Baum stammt aus dem östlichen Nordamerika und wird bei uns als Park-
und Forstbaum angepflanzt. Von Forstleuten wurde der Baum bereits in der Mitte
des 18. Jahrhunderts al Nutzholzbaum kultiviert und gilt heute im Forst als der
wichtigste ausländische Baum.

Er wird daher auch in Fischbach'schen Forstbotanik (1905) wie folgt unter den
ausländischen Eichen beschrieben:

> „... Die Blätter sind bei *rubra* größer als bei den deutschen Eichen, in den allgemeinen
> Umrissen aber von ähnlicher Form; die Buchten sind winkelig ausgeschnitten, die Lappen
> stark zugespitzt und meist mit drei scharfen Spitzen versehen; die obere Blattfläche ist
> glänzend, die untere matt. Im Herbst färben sich die langgestielten Blätter scharlach-
> rot. (…) Die Eicheln von *rubra* sind sitzend und brauchen zur Reife zwei Sommer; im
> Herbste des ersten Jahres werden sie (die Eichel und Schüsselchen zusammengenommen)
> kaum erbsengroß. Im reifen Zustand erheben sich die Eicheln nur wenig aus dem breiten
> Näpfchen, sind etwas mehr hoch als dick, an der Basis abgestutzt flach und haben einen
> zugespitzten Scheitel. Die weiblichen Blüten haben viel Ähnlichkeit mit denen der Stiel-
> eiche, sind aber nur kurz gestielt.
>
> Die Roteiche ist in ihrer Heimat Nordamerika weit verbreitet, kommt namentlich in
> den kälteren Teilen vor und liebt frischen, humosen Boden. Gegenüber unseren deutschen
> Eichen zeigt sie sich bezüglich der Bodenansprüche aber genügsamer und erreicht
> zuweilen auf steinigen, nicht gerade kräftigen und trockenen Standorten eine Stärke, wie
> sie von den einheimischen Arten in derselben Zeit nicht erwartet werden darf. Auch im
> vereinzelten Stande behält sie schönen Schaftwuchs. Ihre Bescheidenheit und Rasch-
> wüchsigkeit machen sie zu einer der wertvollsten Holzarten unter allen eingeführten Aus-
> ländern.
>
> Das Holz der Roteiche ist so gut wie das der deutschen Arten; es ist leicht spaltig,
> eignet sich zu Schnitzereien und wird nach der Bearbeitung immer härter und fester. In
> der Möbeltischlerei und Fassbinderei findet es vorteilhafte Verwendung"

Die **Rot-Eiche** (wegen roter Herbstfärbung) im Einzelnen:

- *Wuchsform:* Höhe bis 35 m, kurzer, dicker Stamm, in geringer mit kräftigen
Ästen, anfangs kegelförmige, später breiter werdende Krone, bei alten Bäumen
kuppelförmig gewölbt und weit ausladend, starke, ausgebreitet Äste stehen steil
aufgerichtet, im oberen Kronenbereich oft quirlständig
- *Rinde:* dünn, hell, silbergrau, bis zum 40. Jahr glatt, dann rissig gefelderte,
dünnschuppige graue Borke
- *Blätter:* wechselständig, im Umriss oval oder verkehrt-eiförmig, im Grund
breit-keilförmig verschmälert und vorn zugespitzt mit 3–5 zugespritzen, in drei

Zipfel auslaufende Lappen, die mit einer haarfeinen Spitze enden und die Blattspreite bis zur Hälfte teilen, 10–22 cm lang, 8–15 cm breit, Oberseite matt- bis
dunkelgrün, Unterseite matt-graugrün, 2–4 langer Blattstiel, rötlich, an der Bass
verdickt; Herbstlaub jüngerer Bäume zuerst kräftig tiefrot, dann gelbbraun oder
braun

- *Blüten:* männliche Blüten in lockeren, gelbgrünen Kätzchen hängend, kleinere
  weibliche Blüten einzeln oder zu mehreren am gleichen Stiel
- *Früchte:* 1 cm lang gestielte Eicheln, 2,5 cm lang, glänzend rotbraun, breit-
  eiförmig, am Scheitel gespitzt, am Grund flach abgestützt, sitzen in einem
  sehr flachen, kahlen Fruchtbecher *(Cupula),* der mit anliegenden Schüppchen
  bedeckt ist (s. Abb. 4.10). Die Samen (Eicheln) entwickeln sich innerhalb von
  zwei Jahren (im ersten Jahr nur zur Größe einer Erbse)

Abb. 4.10   Roteiche – Blatt
und reife Eichel mit Becher.
(Aus Fischbach 1905 –
Ausschnitt Abb. 33)

- *Holz:* mit schmalem Splint, rötlichbraunem Kern, nicht so fest und dauerhaft wie das Holz deutscher Eichen, mit großen, unverschlossenen Poren; Verwendung: in der Möbelindustrie zu Sitz- und Liegemöbeln, zu Wandvertäfelungen, Parkettböden, Türrahmen und Türschwellen, Treppen, Sperrholzplatten und Furnieren.

4.5   Erle *(Alnus)*

4.5.1   Schwarz-Erle *(Alnus glutinosa)* und Grau(Weiß)-Erle *(Alnus incana)*

In der Forstbotanik von 1905 werden die beiden Arten **Schwarz-Erle** *(Alnus glutinosa)* und **Grau(Weiß)-Erle** *(Alnus incana)* unterschieden und verglichen. Zunächst werden die Blüten bzw. Kätzchen beschrieben:

„*Blüten:* (…) Bei den wichtigeren Arten entwickeln sich männliche und weibliche Kätzchen schon im Nachsommer des Jahres vor der Blüte; sie stehen gewöhnlich an den gleichen Trieben, die männlichen über den weiblichen. Am männlichen, zur Blütezeit ziemlich lang werdenden Kätzchen sitzen hinter jeder fünfteiligen Deckschuppe drei Blüten mit vierteiligem Perigon und vier Staubblättern. Am weiblichen Kätzchen trägt jede Deckschuppe zwei herzförmige mit je zwei roten, fadenförmigen Narben besetzte Furchtknoten.

Botanische Unterscheidungsmerkmale: Die Blüten sind bei beiden Arten fast vollkommen gleich, erscheinen aber bei *incana* früher. Bei der Weißerle sind außerdem die weiblichen Kätzchen nur sehr kurz gestielt. Die Samen der Schwarzerle sind rundlich bis fünfeckig, nüsschenartig, der der Weißerle mehr plattgedrückt, etwas größer und breiter berandet. Die Blätter sind dort verkehrt eiförmig, mit eingebuchteter Spitze, keilförmiger Basis und unregelmäßigen, nur am oberen Rand befindlichen Zähnen. Bei der Weißerle sind die Blätter dagegen eiförmig zugespitzt, mit regelmäßig doppeltgesägtem Rande und filzig weißer Behaarung auf der Unterseite. Wachsartige, klebrige Ausscheidungen, wie solche bei der Schwarzerle an jungen Trieben und Blättern vorkommen, fehlen der Weißerle. Die Rinde der letzteren ist hellgrau, glänzend und bleibt länger glatt als bei der Schwarzerle, bei der sich dem Stangenholzalter an schwarzbraune, kleinschuppige Tafelborke bildet. Die Weißerle liefert sehr reichliche Wurzelbrut, die der Schwererle bei ihrer tiefgehenden Bewurzelung gänzlich fehlt.

Der *Same der Erlen* reift später als derjenige der Birken, im Oktober, wird aber zweckmäßigerweise erst nach den ersten Frösten und zwar dann gepflückt, wenn er Neigung zum Ausfliegen zeigt (Anfang Dezember). Man pflückt die Zäpfchen oder bricht sie mit den Zweigen ab und bringt sie auf trockene Böden, wo die Körner bald ausfallen und dann ausgesiebt werden. Der Same bleibt nur eine Jahr keimfähig.

(…)

Standortsansprüche: Die Schwarzerle ist ziemlich anspruchsvoll und verlang tiefgründigen, lockeren, mineralisch nicht armen und namentlich anhaltend feuchten Boden. Sie gedeiht noch auf nassem Bruch und Moorboden, den die Weißerle nicht gut verträgt. Die Ansprüche der letzteren an Qualität und Feuchtigkeit des Bodens sind durchaus verschiedene. Sie liebt Bachufer, sofern das Wasser hier nicht stagniert, kühle Lagen mit feuchter Luft und ist für Kalkgehalt des Bodens sehr empfänglich.

(…)

Wirtschaftliche Behandlung: Am vorzüglichsten sind die Erlen für den Niederwald-betrieb tauglich, da bei richtiger Behandlung der Ausschlagsfähigkeit ihrer Stöcke eine langandauernde ist und der Holzertrag kaum hinter demjenigen des Hochwaldes zurück-bleibt. Für den Hochwald passt die Weißerle ihrer geringen Ausdauer halber nicht, wohl aber vermag die hochwaldartig bewirtschaftete Schwarzerle entweder rein oder besser in Mischung mit Esche, Ulme, Pappel usw. bei Einhaltung eines kürzeren (60-jährigen) Umtriebes wertvolle Erträge zu liefern. Im Mittelwald sind beide Erlen als Unterholz brauchbar, in erster Linie allerdings die weniger lichtbedürftige Weißerle. Für das Ober-holz kann nur die Schwarzerle in Frage kommen.

(…)"

(Siehe Abb. 4.11).

Die wichtigsten Unterscheidungsmerkmale sind die Rinden und das Holz – *Schwarz(Rot)-Erle (Alnus glutinosa)* mit dunkler Farbe der Rinde und rötlichem Holz, *Grau(Weiß)-Erle (Alnus incana)* mit glatter, grauer kaum borkenbildender Rinde und hellerem Holz. Darüber hinaus ist noch die Alpen-Erle *(Alnus viridis)* zu erwähnen – auch *Grün-Erle* genannt.

Erlen wachsen bevorzugt entlang der Ufer von Gewässern. Technologisch bestehen zwischen Schwarz- und Weiß-Erle keine wesentlichen Unterschiede. Erlenholz ist leicht und weich. Es lässt sich leicht trocknen. Es wird im Möbelbau, im Modellbau, für Bilderleisten, Musikinstrumente, Sperrfurniere und auch in der Holzbildhauerei verwendet.

Die Schwarz-Erle im Einzelnen:

- *Wuchsform:* kleiner Baum bis 20 m Höhe mit breiter, kegelförmiger Krone
- *Äste:* aufsteigend, später abstehend; *Zweige:* unbehaart, anfangs etwas klebrig, mit orangeroten Lentizellen
- *Rinde:* dunkelgrau oder bräunlich, in quadratische oder längliche Platten gefeldert
- *Blätter:* 4–10 cm lang, oberhalb der Blattmitte am breitesten, rundlich, undeut-lich zugespitzt, am Rande wellig oder doppelt gezähnt, mit 5–8 Paaren Blatt-nerven (in den Achseln auf der Unterseite gelbliche Haarbüschel)
- *Kätzchen* erscheinen vor den Blättern, männl. (2–3 cm) in Gruppen zu 2–3, weibl. (0,8–1,5 cm) in Gruppen 2–8, lang gestielt, anfangs purpurn, später grünl., *Nüsschen* schmal geflügelt
- *Grau-Erle:* mit sitzenden weibl. Kätzchen.

4.6   Esche

4.6.1   Gemeine Esche *(Fraxinus excelsior L.)*

Eine sehr anschauliche und detaillierte Beschreibung vermittelt wiederum die *Forstbotanik* von H. Fischbach zu den *Botanischen Kennzeichen,* die vor allem auch zur Durchführung einer detaillierten Präparation der Blüten Informationen liefert:

Abb. 4.11 Schwarz- (a) und Weiß-Erle (b) (*Alnus glutinosa* bzw. *A. incana*) im Vergleich (a) 1: Blütenzweig mit 4 weibl. und 3 männl. Kätzchen, 2 Zweig mit vorgebildeten männl. Kätzchen a u. unreifem Fruchtstand b, 3: reife Fruchtzäpfchen – a 4: im Querschnitt, 5: Längsschnitt Teil des männl. Kätzchens, 6: hinter der Deckschuppe stehenden Blütchen von oben, 7: Deckschuppe aus 5 Blättchen der männl. Blüte, 8: weibl. Blütchen mit 2 Fruchtknoten – 9. Längsschnitt mit den beiden Samenknospen, 10: Keimpflanze. (b) 1: Blütenzweig mit männl.(m) u. weibl. (w) Kätzchen sowie reifen Fruchtzäpfchen (c), 2: Zweig im Herbst, 3: männl. Blütchen, 4: Samen (*A. glutinosa*) – 5: (*A. incana*), 6: Deckschuppe in der Reife. (Aus Fischbach 1905, Abb. 40 u. 41)

„*Blätter* unpaarig gefiedert mi acht bis zwölf gesägten Fiederblättchen wechselnder Größe. *Blüten* in Büscheln oder Rispen aus Seitenknospen vorjähriger Triebe, vor dem Laubausbruche im zeitigen Frühjahr blühend, in der Regel ohne Kelche und Blumenkrone, entweder polygam oder eingeschlechtig; Blütenrispen mit nur männlichen Blüten meist gedrungener als solche mit weiblichen oder polygamen Blüten. Staubgefäße unterständig, mit herzförmigen violetten, verhältnismäßig großen Staubbeuteln; Fruchtknoten verlängert, an der Spitze in eine zweiteilige Narbe auslaufend. *Frucht* eine einsamige Nuss mit 4 cm langem, flache zusammengedrücktem, abgerundetem Flügel; Früchte in hängenden, anfangs grünen, später hellbraunen Büscheln. Same breit und flache, reift im Spätherbst des Jahres der Blüte, bleibt aber zumeist über Winter auf den Bäumen hängen, überliegt und keimt im zweiten Jahre nach der Aussaat mit zwei schmalen eiförmigen, fiedernervigen Kotyledonen, denen zunächst dreizählige Primordialblätter und später normal unpaarig gefiederte Blätter folgen. *Knospen* groß, am Grunde dick, von meist zwei schwarzbraunen bis schwarzen deckschuppen bedeckt; Endknospen weit größer als Seitenknospen. *Rinde* bis zum 40. Lebensjahre glatt, hellgrau; später eine schwarzbraune, durch Längs- und Querrisse in rhombische Felder geteilte Borke bildend. *Holzkörper* ringporig, später mit hellbraunem Kern.“

Eine ausführliche Beschreibung zum Holz der Esche vermittelt G. Suckow in seinem Werk „Oeonomische Botanik“ 1777 (s. 43):

„Sie hat einen hohen Wuchs, und gibt dabei einen starken geraden Stamm. Man findet sie in flachen Gegenden und Brüchen, und liebt sie schattige feuchte Gegenden, und einen lockeren Grund, ohnerachtet sie auch in Gebirgen anzutreffen ist. Ihre Rinde ist aschfärbig, braun und glatt, und bekommt im Alter Risse. Die stumpfen, weichen dicken und saftreichen Enden der Zweige, machen die Esche auch ohne Laub kenntlich. Das Holz ist sehr zähe, und weiß, wird aber mit der Zeit braun, und übertrift bisweilen an Härte den Nussbaum. Nach dem Eichenholze, hat es nebst der Ulme eine merkliche Dauer an feuchten Orten. Es dient zu Brettern, zur Schreiner-, Dreher-, Wagner- und Fassbinder-Arbeit, und gibt auch gutes Kohl- und Brennholz. Im Anhaltdessauischen werden die Eschen als Schlagholz genutzt. Die Blätter dienen für Schafe und Rindvieh als ein Winterfutter, und werden sie daher an verschiedenen Orten als Satzweiden gezogen und geköpft...“

Über *Standort und Vorkommen* berichtete H. Fischbach (1905):

„Sehr anspruchsvolle Holzart. Die Esche verlangt zu gutem Gedeihen tiefgründigen, mineralisch kräftigen, lockeren, mindestens frischen, besser feuchten Boden (stagnierende Nässe verträgt sie nicht), weniger Luftwärme als Luftfeuchtigkeit und vollen Lichtgenuss vom 20. Jahre an. Beste Entwicklung findet sie auf sandigen, hinreichend kalkhaltigen Lehmböden der Ebene und auf feuchten Aueböden der Flussniederungen. Im Gebirge steigt sie weniger hoch als die Buche. Verbreitet ist sie im mittleren Europa, namentlich in den Ostseeländern und in der ungarischen Tiefebene.
Wuchs und Holzgüte. In der Jugend sehr raschwüchsig erwächst die Esche zum Baum erster Größe, wenn auch der Höhenzuwachs zum 40. Jahr an (auf schlechteren Standorten schon früher) nachzulassen beginnt. Die Krone wölbt sich im Alter ab und besteht dann hauptsächlich aus knotigen, bogenförmig aufwärts gekrümmten, Blätterbüschel tragenden Kurzzweigen. Im Bestandsschlusse bilden sich gerade, vollholzige und astreine Schäfte, im Freilande hingegen oft starkästige, tiefangesetzte Kronen. Auch wird hier die stark ausgeprägte Neigung der Esche zur Zwiebelbildung lästig.

Das langfaserige ziemlich harte und elastische Holz eignet sich infolge geringerer Dauer weniger zur Verwendung im Freien, ist aber ein vorzügliches Material für Wagen- und Maschinenbau und wird auch von anderen Gewerben (Drechsler, Möbeltischler, Siebmacher) viel verwendet. Von Nebenprodukten verdient nur das als Viehfutter geschätzte Laub Erwähnung.

Forstliche Bedeutung und Behandlung. Die Esche eignet sich für Hoch-, Mittel- und Niederwald sowie für den Schneidelholzbetrieb. Reine Hochwaldbestände sind frühzeitig Verlichtung, demzufolge dem Rückgang der Bodenkraft ausgesetzt und deshalb nicht zu empfehlen. Zweckmäßig ist horst- und gruppenweise Einmischung oder Einzeleinsprengung der Esche in Buchenbestände. Ebenso ist der Auenmischwald sehr geeignet zur Erziehung starker Eschensortimente. In der Mischung mit anderen Holzarten hat die Bestandspflege darauf zu achten, daß der Esche dauernd die nötige Kronenfreiheit gewahrt bleibt. Im Mittelwald passt sie ihres lichten Kronenschirmes halber sehr gut zum Oberholz, wenig zum Unterholz. (...)"

(Siehe Abb. 4.12).

Der Baum im Einzelnen

- *Wuchsform:* offene, gewölbte Krone, bis 40 m hoch,
- *Rinde:* blassgrau, an jungen Bäumen glatt, später gefeldert u. gefurcht
- *Zweige:* an den Knoten abgeflacht
- *Winterknospen:* matt, schwarz, kegelförmig
- *Blätter:* 20–35 cm lang, Blattspindel kahl oder behaart, mit 7–13 Fiederblättchen (5–12 cm lang), länglich-oval bis länglich-lanzettlich, spitz, am Rande scharf gezähnt, auf den Blattnerven weißlich behaart
- *Blüten*(stände): achselständig an 2-jährigen Zweigen, erscheinen vor dem Laubaustrieb, purpurn
- *Früchte:* zahlreiche Flügelfrüchte (2,5–5 cm), länglich bis lanzettlich, mit deutlicher Spitze
- *Holz:* hart, elastisch, für Siel, Griffe von Werkzeugen, Leitersprossen, Möbel

4.7 Kastanie

4.7.1 Rosskastanie, Gemeine (*Aesculus hippocastanum* L.)

Name: Der Gattungsname *Aesculus* stammt von Carl von Linné (1707–1778); in der Antike wurde mit *aesculus* eine dem Jupiter heilige Eichenart auf den Bergen, von hohem Wuchs und hartem Holz, bezeichnet. Der Trivialname *Roßkastanie* bezieht sich einerseits auf die der Edelkastanie (*Castanea*, Familie der Buchengewächse) ähnlichen Samen und andererseits auf die von den Osmanen stammende Verwendung als Pferdefutter und als Heilmittel gegen Pferdehusten (Abb. 4.13).

Beschreibung:
Rosskastanien gehören als Pflanzengattung jedoch zur Familie der Seifenbaumgewächse (*Sapindaceae*). Der bis zu 25 m Höhe wachsende Baum mit seiner

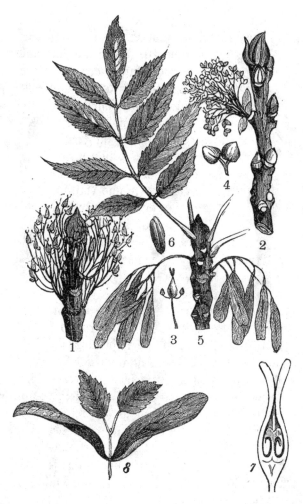

Abb. 4.12 GEMEINE ESCHE 1: Blütenzweig mit Zwitterblüten – 2: mit männl. Blüten, 3: Zwitterblüte, 4: männl. Blüte, 5: Blätterzweig mit einem Teil des Fruchtstandes, 6: Samenkorn, 7: Stempel im Längsschnitt, 8: Keimpflanze. (Fischbach 1905, Abb. 77)

großen, gewölbten Krone auf einem ziemlich dicken Stamm weist eine graubraune Rinde auf, die manchmal etwas rötlich, in größere oder kleine Platten unterteilt, zerrissen und abschuppend erscheint. Die Zweige sind rötlich-braun.

Der Hohenheimer Forstwissenschaftler H. Fischbach schrieb in seinem *Katechismus der Forstbotanik* (1862) – s. auch in Abschn. 5.1 zu Xylothek in Hohenheim:

„Die Roßkastanie stammt aus Asien, hat einen vielblumigen gipfelständigen Strauß zum Blütenstand, fünf weiß und rötlich gefärbte Blumenblätter mit langen Nägeln, 7 Staubgefäße, und einen eiförmigen Fruchtknoten mit einem langen, leicht gekrümmten

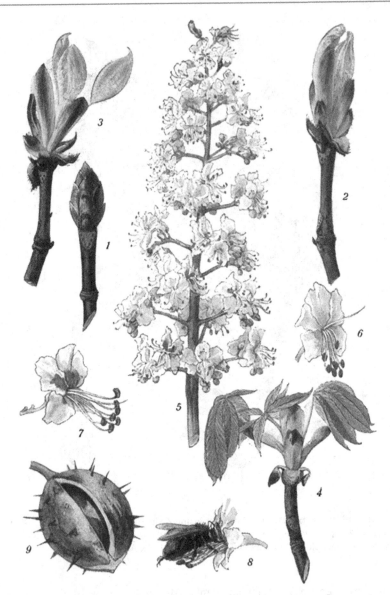

Abb. 4.13 Roßkastanie 1: Knospe, 2. Junger Trieb, 3,4: Trieb aufblühend, 5: Blütenzweig, 6, 7: Blüte, aufblühend, 8: Staubblätter als „Sitzstangen" für die bestäubende Hummel, 9: Frucht (Kastanie) mit Hülle. (Tafel aus Schmeil 1908)

Griffel; derselbe verkümmert in vielen Blühten. Die Samen (Kastanien) sind der Mehr-zahl in Kapseln eingeschlossen, welche lederartige, stachlich sind und in drei Nähten auf-springen. Die Blätter sind handförmig 5–7 teilig. Als Alleebaum ist diese Art ihres frühen und starken Schattens, sowie ihrer Blühten wegen überall häufig, während ihr die Früchte, die eine gute Äsung fürs Wild sind, den Weg in die Parke geöffnet haben. Obwohl die

Roßkastanie raschwüchsig ist, empfiehlt sie sich doch nicht für den Anbau im Wald, da das weiße Holz weich und nicht besser ist, als bei unseren einheimischen Weichhölzern, aber viel leichter grau und stockig wird, als diese."

In der ebenfalls sehr ausführlichen Beschreibung von Georg Adolph SUCKOW in seinem Werk „Anfangsgründe der theoretischen und angewandten Botanik" (2. Teil, 1. Band, Leipzig 1786) sind auch einige einfache Versuche beschrieben, die für eine Durchführung noch heute geeignet sind. Zunächst ist, auch hier als Anregung zu genauer eigener Beobachtung, zu lesen:

„1. Die gemeine Roßkastanie. (A. hippocastanum. L.)
   Ihre fächerförmigen Blätter bestehen aus fünf kleineren, welche oben breiter als unten, und am Rand gezahnt sind. Die Blumen enthalten sieben Staubfäden, und bilden pyramidenförmige Sträuße.
   (…)
   Dieser bei uns jetzt ganz einheimische Baum, stammt aus dem nördlichen Asien, woher er in dem Jahre 1550 nach Europa kam, und von dem berühmten Clusius [eigentl. Charles de l'Escluse (1526–1609) niederl. Mediziner u. Botaniker] im Jahre 1588 zu Wien in Gärten gezogen wurde. Die Roßkastanie empfahl sich bald durch ihre so schönen Blätter und die ungemein prachtvollen Blumen, worin sie fast alle einheimischen Bäume übertrifft. Man wählte sie vorzüglich zu Alleen, wo sie auch wegen ihrer herrlichen Blumen von den besten Wirkungen für das Auge wäre, wenn sich nur die Bäume nicht so früh entlaubten, und durch diesen Umstand in ihrem Wert zu solchen Anlagen verlören, da der zeitige herbstliche Anblick, den sie geben, unangenehm ist. Sonst sind diese Bäume überaus schnellwüchsig, und vollbringen ihre starken jährigen Triebe ungefähr in drei Wochen. Die Stämme erreichen eine beträchtliche Stärke und Höhe, und fordern daher eine weite Entfernung von einander. Das Holz der Roßkastanie ist zart, weich und faserig, kann zu allerhand Schreinerarbeiten genutzt werden, schickt sich aber, wegen seiner Neigung zur Fäulnis, nicht wohl zu Zimmerarbeiten, besonders an feuchten Orten. Nach Houttuyn [Maarten Willem Houttuyn (1720–1798), niederl. Arzt und Naturkundler] wird es in Holland dem Lindenholze gleich geschätzt, und zum Formschneiden gebraucht. Sonst kann es auch als Brennholz dienen.
   Die Rinde kann sowohl in der Färberei als Arzneikunst gebraucht werden. Sie gibt, nach Hrn. Sieffert, eine trübe, braune Brühe, welche wollenes Zeug schon für sich bräunlichgelb färbt, und mit Zusätzen zum Teil dauerhafte Farben macht. Von Hrn. Pieper und Bucholtz [Wilhelm Heinrich Sebastian Bucholz (1734–1798), Arzt, Apotheker, Botaniker u. Chemiker in Weimar zur Goethezeit] ist die Rinde, so wie das Garayische Extrakt*) davon, statt der China-Rinde versucht worden, und es verdient diese Benutzung alle Aufmerksamkeit.
   Die Früchte der Roßkastanie sind mit einer dicken, grünbraunen, mit kurzen Stacheln besetzten Schale, welche aus drei Stücken besteht, bekleidet. Sie enthält ein bis zwei Nüsse, welche den ächten Kastanien ähneln, und diese haben von außen ein harte, glänzende, braune Haut, und nebst dieser ist der reife, mehlige Kern noch mit einer ganz dünnen, braunen Haut umgeben. Die Früchte hat man bereits zu vielfältigem Gebrauche zu verwenden gesucht. Die besondere Bitterkeit derselben, welche von einem schleimharzigen Bestandtheile herrührt, macht sie aber für jetzt noch zu den mehrsten und wichtigsten Benutzungen untüchtig. Inzwischen können sie zur Fütterung gebraucht werden, die Hirsche gehen ihnen von selbst nach, und auch das Rindvieh frisst sie sowohl für sich, als noch leichter mit Gerstenschrot. Die vorgeschlagene Auslaugung derselben mit Kalk und Asche, dürfte aber wohl zu seinem Gebrauche nicht anwendbar im Großen sein. Sonst kann man sie auch zur Mästung des Federviehes gebrauchen. Stärke und Puder lässt sich von ziemlicher Güte aus den Früchten bereiten; inzwischen scheint diese

Benutzung auch nicht recht vorteilhaft zu sein. Außerdem dass die Roßkastanien hierzu geschält werden müssen, bleibt bei der Arbeit sehr viel grober, mehliger Stoff zurück, und die Menge an Stärke oder Puder ist im Verhältnisse gegen das, was andere Früchte liefern, geringe. Eben so wenig ist von einer Benutzung auf Öl zu erwarten, da die Menge desselben unbeträchtlich, und das Öl selbst bitter ist. Zum Branntweinbrennen scheinen inzwischen die Früchte brauchbar zu sein. Außerdem sind die Roßkastanien noch zu Kaffe(e) empfohlen worden, wozu sie sich auch vor vielen andern vorgeschlagenen Früchten schicken mögen, wenn ihre starke und unbezwingliche Bitterkeit sie hierzu nicht untauglich machte. Dem Wasser geben sie, wenn sie darin zerrieben werden, eine seifenartige Eigenschaft, welches, nach Markandier, zum Waschen und Bleichen des leinenen Zeugs gebraucht werden kann.

Die stachelige Schale der Roßkastanien fand ich in einem kalten Aufguss mit Wasser sehr zur Gärung geneigt. Mit aufgelöstem Eisenvitriol machte diese Infusion eine Tinte, woraus die Brauchbarkeit dieser Schalen zu schwarzen Farben und zur Gerberei erhellet. Außer der braunen, glatten Schale der Nüsse, verdiente aber noch das Harz der Knospen eine weitere Untersuchung.

Die Versuche, welche der Hr. Reg. Rath Medikus [Friedrich Casimir Medicus (1736–1808), Arzt, Botaniker und Agrarreformer] mit den Okulieren der Roßkastanien angefangen, geben alle Hoffnung, daß sich ihre Früchte in der Folge veredeln, und ihre Bitterkeit verlieren werden. Die Fortpflanzung der Bäume geschieht übrigens durch die Früchte, welche im Frühjahr ausgesteckt werden.“

*) Garayischer Extrakt. Der bekannte Arzt Samuel Hahnemann schrieb darüber in seinem „Apothekerlexikon“ (Band 1, Leipzig 1793) u. a.:

„Der Graf de la Garaye lehrte im Jahre 1745 eine Art Extrakte bereiten, welche in Ansehung des aus den Gewächsen dazu vorzurichtenden Auszugs verschiedenen Unvollkommenheiten und Beschwerden, in Absicht der Abdampfung aber ungemeine Vorzüge vor den damals gewöhnlichen Extraktbereitungen hatte, und eine glückliche Revolution darin bewirkte.

Er ließ die gepulverten Gewächssubstanzen in Töpfen, welche mit einem sechszehnmal so viel kaltem Wasser halbvoll gefüllt waren, mittelst eines Quirles, der am Ende vier Flügel hatte, und eines mühlenähnlichen Maschinenwerks sechs, zwölf und mehrere Stunden in Bewegung setzen, den entstandenen wässerigen Auszug durch Leinwand seihen und auf porzellanenen Tellern über einem Dampfbade bis dahin eintrocknen, daß das entstandene Extrakt auf den noch warmen Tellern sich abblättert, und in verschlossenen Gläsern aufbewahrt werden kann.

(…)“

Der Baum im Einzelnen

Die sommergrünen Bäume zählen zu den Flachwurzlern.

- *Winterknospen:* sehr groß, dunkelbraun glänzend, harzig, klebrig, bis zu 3–4 cm lang, bestehen aus mehreren Paaren von imbricaten (deckend, übergreifend oder dachziegelig, dachig) Schuppen, deren Außenseite kahl oder nur leicht behaart ist.
- *Blätter:* tief handförmig geteilt, Teilblatt zwischen 10 und 25 cm lang, verkehrteiförmig, am Grunde keilförmig verschmälert, sitzend, doppelt gezähnt, vorn in einer Spitze auslaufend; auf der Oberseite matt dunkelgrün, auf der Unterseite etwas behaart oder auch kahl; fingerförmig (5 bis 11 Fiederblätter) gefiedert, in Blattstiel und Blattspreite gegliedert, gegenständig an den Zweigen angeordnet.

- *Blüten:* stehen sehr zahlreich in aufrechten Rispen; Kronblätter etwa 1 cm lang, weiß, mit einem roten oder gelbem Saftmal; sie sind häufig ungleich, vier- oder fünfzählig mit doppelter Blütenhülle. Die Kelchblätter sind verwachsen; sie bilden eine röhren- bis glockenförmige Kelchröhr. Die Zahl der Staubblätter (Staubfaden und Staubbeutel) beträgt 5 bis 8. Der Fruchtknoten ist oberständig, der Griffel ist lang und schlank, die Narbe zusammengedrückt kugelig.

- *Frucht:* eine 1–3 samige Kapsel (meist mit nur 1 Kastanie), kugelig bis birnenförmig, außen bis zu 6 cm dick, stachelig, Kastanie (= Same) rotbraun, mit großem blassem Nabel (Hilum), der bis zu einem Drittel des Samens einnimmt. Als *Hilum* (Keim- oder Samengrube) bezeichnet man die Stelle, an der die Samenanlage mit dem *Funiculus* (bei Bedecktsamern die Verbindung zwischen Plazenta und Samenanlage) in Verbindung steht.

Nutzung heute:

Die *Gewöhnliche Rosskastanie* wird als beliebter Baum in Erholungsanlagen (Parks, Biergärten) vor allem als Schattenspender und Zierbaum angepflanzt.

Sie ist auch eine gute Bienentrachtpflanze, deren Blüten Nektar und Pollen bieten.

Die Samen werden zur Winterfütterung von Rothirschen, Rehen und anderen Schalenwildarten verwendet. Aus den Samen lassen sich Saponine (für Kosmetika, Farben und Schäume), Stärke (zur Vergärung in Ethanol und Milchsäure) und Öle für Seifenpulver gewinnen.

Aus Samen, Borke, Blättern und Blüten lassen sich auch Grundstoffe für die pharmazeutische Industrie isolieren – u. a. das Wirkstoffgemisch *Aescin* (Gemisch aus mehr als 30 Saponinen) mit gefäßverstärkenden, antikoagulierenden und entzündungshemmenden Wirkungen.

Das *Holz* wird für Furniere sowie für Drechsel-, Schnitz- und Bildhauerarbeiten verwendet.

Feinde der Roßkastanie:

Seit den 1980er Jahren breitet sich in ganz Europa vom Balkan die *Rosskastanienminiermotte* aus, deren Raupen und Puppen sich vor allem in den Blättern der *weißblühenden* Gewöhnlichen Rosskastanie (die rotblühende, s. u., ist kaum befallen) entwickeln. Sie wurde erstmals 1984 in Mazedonien entdeckt und gelangte über Österreich (1989) nach Westeuropa. Die Fraßgänge der Larven führen zu einem frühzeitigen Welken der Blätter bereits im Sommer. Ein Absterben der Bäume wurde bisher jedoch noch nicht beobachtet.

Von Bedeutung ist auch die *rotblühende Roßkastanie* (Aesculus x carnea HAYNE; syn. Ae. x rubicunda LOISEL.), ein Hybrid zwischen Ae. hippocastanum und Ae. pavia, deren Blätter meist kleiner, derber, oft kurz gestielt sind. Die Blüten sind rot, die Früchte kleiner mit kleinen und weichen, oft sogar ohne Stacheln. Sie wird in der Regel nicht von der Moniermotte befallen.

Die Art Aesculus pavia oder Echte Pavie stellt einen Strauch oder kleinen, bis 12 m hohen Baum dar und stammt aus dem Südosten der USA. Sie wächst im Unterstand von Mischwäldern auf feuchten Böden. Wegen ihrer roten, seltener rotgelben Blüten ist sie ein beliebtes Ziergehölz mit giftigen Samen, welche die Ureinwohner zum Betäuben von Fischen in kleinen, stehenden Gewässern verwenden.

In der „Forstbotanik" von Heinrich Fischbach (Ausgabe 1905) wird die rotblühende Roßkastanie als *rotblühende Bastard-Roßkastanie* bezeichnet und wie folgt beschrieben:

> „Fiederblättchen kleiner als der vorigen Art und in der Mitte am breitesten. Blüten rot, gelb gefleckt, mit meist acht aufrechten Staubgefäßen. Fruchtapfel kleiner als bei A. hippocastanum, ohne oder nur mit spärlichen, schlecht ausgebildeten Stacheln. Alleebaum ohne forstliche Bedeutung."

4.8   Linde

Sommerlinde (Tilia platyphyllos) – und Winterlinde (Tilia cordata).

In seinem „Leitfaden der Botanik" (1908) stellt O. Schmeil beide Linden-Arten sehr anschaulich vor – andererseits wird im Text häufiger auf die „Zweckmäßigkeit" einzelner Pflanzenteile hingewiesen, was manchmal an die sehr ironischen Geschichten von Hermann Löns in „Der zweckmäßige Meyer. Ein schnurriges Buch" (1911) erinnert.

Sommer- *(Tilia platyphyllos)* und Winterlinde *(Tilia cordata)*

> „A. **Unser Lieblingsbaum**. Der schnelle Wuchs, das ehrwürdige Alter und die gewaltige Höhe (1000 Jahre; 30 m und mehr), das zarte Laub und die duftenden Blüten haben die Linde zu *unserem Lieblingsbaume* gemacht. Deshalb pflanzen wir sie gern an Straßen, auf freie Plätze, vor das Wohnhaus, sowie auf die Gräber unserer Toten und deshalb knüpfen sich an sie auch so zahlreiche *Sagen und Lieder* (z.B. von Siegfried – „Am Brunnen vor dem Tore"). Unseren Altvordern war die Linde ein *heiliger Baum*, und unter der ehrwürdigen *Dorflinde* berieten in früheren Jahren die Alten der Gemeinde.
>
> Das weiche *Holz* des Baumes wird vornehmlich zu Schnitzarbeiten verwendet; seine Kohle dient zum Zeichnen. Die *Blüten* sind für die Biene eine reiche Honigquelle; getrocknet liefern sie einen schweißtreibenden Tee.
>
> B. **Einheimische Lindenarten**. Die *Sommerlinde* entfaltet ihr Laub bereits anfangs Mai (Frühlinde); die andere Art, die *Winterlinde*, schlägt erst Mitte Mai aus (Spätlinde), und ihre beiderseits kahlen Blätter sind viel kleiner als die der anderen Form (kleinblättrige Linde).
>
> C. **Von den Blättern.** 1. Wenn im Frühjahre der junge Trieb die beiden braunen *Knospenschuppen* auseinander drängt, werden zuerst grüne oder rötliche, schuppenförmige Blätter sichtbar. Sie umhüllen den Trieb noch eine Zeitlang (Schutz!) und tun sich endlich auseinander. Jetzt erkennt man deutlich, daß sie zu je zweien am Grunde der Blattstiele stehen, als *Nebenblätter* sind. Ist der junge Trieb genügend erstarkt, dann fallen sie gleich den Knospenschuppen ab. Die *jungen Blätter* sind mit langen, seidenartigen Haaren bedeckt, senkrecht gestellt und in der Mitte zusammengefaltet: alles Schutzeinrichtungen, die wir bei der Roßkastanie kennen und verstehen gelernt haben.
>
> 2. Wie an den waagerechten Zweigen der Roßkastanie sind bei der Linde die Blätter jedes Zweiges *in eine Ebene gestellt.* Trotzdem rauben sie sich gegenseitig nicht das Sonnenlicht; denn die herzförmigen, fein gesägten Blattflächen sind nicht nur wie bei jenem Baume ungleich groß und ungleich lang gestielt, sondern ihre ‚Hälften' sind auch von ungleicher Größe. Die Blätter sind also *unsymmetrisch*. Wenn man sich das fehlende

Stück ergänzt denkt, dann erst würde jener Fall eintreten. Die Natur würde dann aber etwas Unnützes oder Überflüssiges gebildet haben.

D. Von den Blüten. 1. In den Winterknospen der Linde finden wir keine Blütenanlage. Die Blüten müssen sich an den jungen Trieben aber erst bilden. Daher *Blüht der Baum* auch verhältnismäßig *spät* im Jahre (wann in deiner Heimat?).

2. Der Hauptblütenstiel ist zum Teil mit einem bleichen, pergamentartigen ‚Deckblatte' verwachsen. Er trägt auf kurzen Nebenstielen bei der Sommerlinde 2–3, bei der Winterlinde dagegen 5–7 Blüten. *Kelch* und *Blumenkrone* bestehen aus je 5 kleinen, gelblichen Blättern. Die Blüten sind daher ganz unscheinbar. Da sie von den Laubblättern oft völlig überdacht werden, sind Honig und Blütenstaub gegen Regen zwar vortrefflich geschützt; sie selbst aber werden dadurch umso unauffälliger. Ein weithin wahrnehmbarer *Duft* gleicht diesen Nachteil jedoch vollkommen aus. Neben einem *Stempel* finden sich in jeder Blüte zahlreiche *Staubblätter*. Der *Honig* wird von den Kelchblättern in so großer Menge ausgeschieden, daß die blühende Linde oft von Tausenden von Insekten umschwärmt ist.

E. Von den Früchten. Im Herbste löst sich der Fruchtstand mit dem flügelartigen *Deckblatte* vom Zweige und fällt wie die Ahornfrucht langsam herab. Hierbei wird er vom Winde nicht selten erfasst und verweht. Da Deckblatt ist also gleich dem Flügel der Ahornfrucht ein Mittel zur Verbreitung der Pflanze. Die nussartigen *Früchte* (Lindennüßchen) enthalten gewöhnlich nur einen Samen. Sie öffnen sich daher bei der Reife nicht."

(Siehe Abb. 4.14).

In der Fischbachschen Forstbotanik (1905) sind die *botanischen Kennzeichen* für **Linden** *(Tilia)* zunächst wie folgt zusammengefasst:

„*Blätter* wechselständig, mehr oder weniger rundlich, verschieden in Beziehung auf Größe und Behaarung, mit handförmiger Nervatur. *Blüten* zwitterig, zu mehreren in langgestielten, hängenden Trugdolden. Letztere entspringen den Blattachseln junger Triebe und sind mit dem ‚Flügelblatte', einem großen, gelblich-weiß gefärbten Deckblatte verwachsen. Die einzelne Blüte hat einen klappigen, fünfteiligen, hinfälligen Kelch, fünf zarte Blumenblätter, eine große Zahl in zwei Kreisen stehende Staubgefäße und einen kugeligen, aus mehreren Karpellen entstandenen Fruchtknoten mit langem Staubweg und kleiner Narbe. Bei manchen Arten findet sich noch einen blumenblattähnliche, aus Staubblattanlagen gebildete ‚Nebenkrone'. Die *Frucht* ist ein in der Regel einsamiges, birnförmiges, nicht aufspringendes braunfilziges Nüsschen, obwohl der zur Blütezeit regelmäßig fünffächerige Fruchtknoten in jedem Fache zwei Samenknospen enthält. Samen kugelig, braun, mit ölreichem Nährgewebe, überliegt und keimt mit meist handförmig verbreiterten und gelappten Kotyledonen. Knospen eiförmig, stumpf, von wenigen behaarten Schuppen bedeckt. Mark und Rinde Schleimschläuchen führend; Harz sehr weich und leicht, gleichmäßig dicht und schön weiß.

Die Gattung *Tilia* umfasst sommergrüne, weit verbreitete Bäume und Sträucher mit kräftigen, in die Tiefe gehenden Herzwurzeln und großen Ausschlagsvermögen. Forstliche Bedeutung der einheimischen Linden gering."

4.8.1 Winterlinde *(Tilia cordata)*

Botanische Kennzeichen: Blätter breit herzförmig, lang gestielt, einfach gesägt, derb, oberseits dunkelgrün, kahl, unterseits bläulich grün und mit rostbraunen Haarbüscheln in den Aderwinkeln. Die *Blüten* erscheinen im Juni oder Juli, etwas

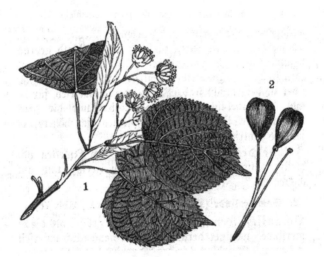

Abb. 4.14 Sommer- (a) und Winterlinde (b) (a) 1: Blütenzweig, 2: Fruchtstand, 3. Samenkorn, 4: Zweig im Winter; (b) 1: Blütenzweig, 2: Früchte. (Abb. 75/76 aus Fischbach 1905)

später als bei der Sommerlinde und sind in größerer Anzahl (meist fünf bis elf) zu Trugdolden vereinigt. *Frucht* mit leicht zerreibbarer Fruchtwand. *Knospen* mit zwei glatten, grünen, oft rot überlaufenen Schuppen. *Rinde* reich an Bastfasern, anfangs glatt, später am Stamme und an stärkeren Ästen eine längsgefurchte Borke bildend.

Wuchs und Holzgüte: In der ersten Jugend sehr langsamwüchsig, später hebt sich die Höhenwuchs etwas, bleibt aber immer mäßig und führt namentlich im Freistande zur Bildung kurzer, dicker Stämme mit starkästiger, tiefangesetzter Krone. Voller Bestandsschluss fördert das Längenwachstum, so daß hier teilweise vollholzige, astreine, bis 25 m hohe Bäume mit weniger umfangreichen Kronen gefunden werden. Beträchtliches Ausschlagsvermögen, Maserbildungen sind den Linden allgemein eigentümlich, ebenso die Fähigkeit, eine sehr hohes Alter zu erreichen.

Das grobfaserige, zertreutporige Holz eignet sich infolge geringer Dauer nur zur Verwendung im Trockenen, ist vermöge seiner gleichmäßigen Struktur und Weichheit als Rohstoff zur Herstellung von allerhand Schnitzwaren sehr geschätzt und findet als Blindholz in der Möbel- und Wagenfabrikation ausgedehnte Verwendung. (…)

Forstliche Bedeutung und Behandlung: Die Linden sind weniger Wald- als Alleebäume, kommen sehr selten in reinen Hochwaldbeständen vor, wohl aber eingesprengt in Laubholzhochwald, im Mittelwald als Ober- und Unterholz und im Niederwald. Trägwüchsigkeit und geringe Nutzholztüchtigkeit bringen es mit sich, daß der fortwirtschaftliche Wert der Linden trotz ihres nicht unerheblichen Bodenverbesserungsvermögens ein untergeordneter bleibt. Infolgedessen werden sie nur selten künstlich in den Wald gebracht und zumeist nur als Lückenbüßer geduldet. (…)

4.8.2 Sommerlinde *(Tilia platyphyllos)*

Botanische Kennzeichen: Blätter größer als die der Winterlinde, weniger derb, oder- und namentlich unterseits weich behaart, Haarbüschel in den Aderwinkeln der Blattunterseite nicht braun, sondern immer gelblichweiß. *Blüten* ebenfalls größer und 10 bis 14 Tage eher aufbrechend als bei der Winterlinde, Blütenstand stets wenig- (drei- bis fünf-)blütig. Flügelblatte nicht umgewendet, häufig bis zum Grunde des Hauptstieles herabreichend. *Früchte* denjenigen der Winterlinde ähnlich, aber größer, mehr breit als hoch und im ganz reifen Zustande durch teilweises Einsinken des Zellgewebes der Fruchthüllen mit fünf scharf hervortretenden Längsrippen besetzt. (…)

Sowohl die Beschreibung von O. Schmeil als auch die differenzierten forstbotanischen Texte enthalten in besonders gelungener Weise die Informationen und Anregungen, die für die Anlage eines Holz-Herbariums erforderlich sind. Eine weitere Ergänzung erübrigt sich somit an dieser Stelle. Es sei nur noch darauf hingewiesen, dass die Verwendung einer Lupe für die Betrachtung und Präparation der Blüten und auch Früchte besonders gut geeignet und zum Teil auch erforderlich ist.

4.9   Pappel

Zu den heimischen Pappelarten *(Populus)* zählen die Schwarzpapel *(Populus nigra)*, die Silber- oder Weißpappel *(Populus alba)* und die Zitterpappel *(Populus tremula)*, auch Espe genannt. Gemeinsame Merkmale sind vor allem die Art ihre Blüten: Männliche und weibliche Blüten stehen in Kätzchen und die einzelnen Blüten sind von ganzrandigen oder zerschlitzten Deckschuppen gestützt.

Zur forstlichen Bedeutung der Pappeln ist in Fischbach's Forstbotanik zu lesen:

> „Obwohl zu den forstlichen Kulturgewächsen gehörend, werden die Pappeln in einzelnen ihrer Arten infolge außerordentlich großer Raschwüchsigkeit in der Jugend und infolge eines durch Wurzelbrutbildung bewirkten und oft sehr dichten Standes für die Entwickelung unserer wertvolleren Holzarten bisweilen hinderlich. Durchlichtet man sie aber rechtzeitig, und entfernt man sie zur geeigneten Zeit ganz, so lassen sich mit ihnen stellenweise namhafte Erträge erzielen, ohne daß der Hauptzweck der Wirtschaft gefährdet wird. Als eigentliche Forstkulturpflanzen treten sie hauptsächlich in den Niederungen größerer Flüsse auf, wo der Boden durch seine natürliche Beschaffenheit ihr Gedeihen besonders begünstigt und Faschinen zum Uferbau in großer Zahl nötig sind; sie lohnen da durch bedeutende Erträge."

4.9.1   Zitterpappel, Espe *(Populus tremula)*

> „*Botanische Kennzeichen*: Die Blätter sind im Alter kreisrund oder mehr breit als lang, stumpf zugespitzt, mit unregelmäßigen groben Zähnen, an hängenden, langen, seitlich zusammengedrückten Stielen, beiderseits kahl. An üppigen Trieben sind sie kurz gestielt, unregelmäßig eiförmig und von sehr wechselnder Gestalt, mit vorgezogener Spitze und tieferen Einschnitten kurhaarig. Die Deckschuppen der Kätzchen sind verhältnismäßig schmale, im oberen Drittel fünfzähnig eingeschnitten und zottig behaart, die Fruchtknoten in die Länge gezogen, Narben gelappt, rot, Knospen klebrig."

Infolge der langen Blattstiele „zittern" die Blätter im Wind – daher auch ihr Name.

4.9.2   Silberpappel *(Populus alba)* und Graupappel *(Populus canescens)*

Diese beiden Pappeln sind sich ziemlich ähnlich:

> „Beide Pappeln haben ihre Namen von der eigentümlichen filzigen, bei *alba* weißen, bei *canescens* grauen Behaarung auf der Unterseite der Blätter. Bei der Graupappel ist die Blattform derjenigen der Aspe sehr ähnlich, während bei *alba* die im oberen Teile der Langtriebe sitzenden Blätter handförmig gelappt, die Kurztriebe aber ebenso wie die unteren der Langtriebe eiförmig sind. Die Schuppen der Kätzchen sind bei beiden Arten lanzettförmig, an der Spitze gekerbt oder leicht oder Spitze leicht gespalten, die Fruchtknoten kurz gestielt, in die Länge gezogen, mit vierteiligen, fadenförmigen Narben an der Spitze. Die Blüten stehen wie bei allen Pappeln an den vorjährigen Trieben und erscheinen einige Zeit vor den Blättern."

(Siehe Abb. 4.15).

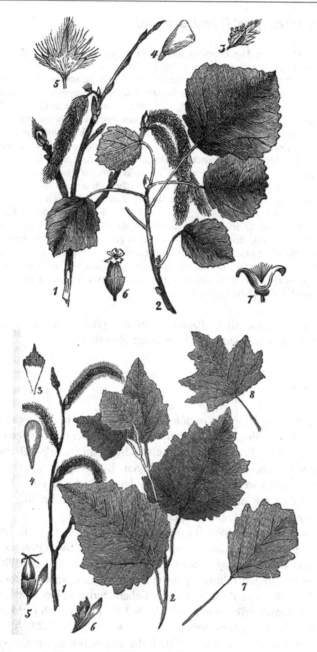

Abb. 4.15 Zitterpappel, Espe (oben), Silber- und Graupappel (unten) Oben: 1: Blütenzweig (männl. Pflanze), 2: Blätterzweig, 3: männl. Blüte, 4: Scheibe, auf der die Staubgefäße sitzen, 5: dazugehörige Deckschuppe, 6. weibl. Blütchen, 7: Frucht Unten: 1: weibl. Blütenzweig, 2: Blätterzweig, 3: Deckschuppe, 4: wie 4. oben, 5: weibl. Blütchen, 6: männl. Blütchen, 7: Blatte von der Spitze eines Langtriebes. (Abb. 43/44 aus Fischbach 1905)

4.9.3   Schwarzpappel *(Populus nigra)*

„Botanische Merkmale: Die oberseits dunkelgrünen, unterseits mattgrünen, mehr oder weniger rhombischen bis dreieckigen Blätter sitzen in langen, seitlich zusammengedrückten Stielen, sind am gezähnten Rande durchscheinend und nur in der ersten Zeit nach Entfaltung mit spärlichen Härchen besetzt. Die großen zugespitzten Knospen sind wie die jungen Zweige kahl und klebrig. Wie alle anderen Pappeln blüht die Schwarzpapel im zeitigen Frühjahr. Die männlichen Kätzchen erscheinen dickwalzig und rot, die weiblichen schlanker. Die Deckschuppen sind am Rande stark geschlitzt und fallen bald ab; die Fruchtknoten der weiblichen Kätzchen sind dick, langgestielt, zweinarbig. Der in spitzen Kapselfrüchten eingeschlossene weißwollige Samen reift im Juni...“

„Der Holz der Pappeln gehört mit zu den allerleichtesten und darum auch wenig brennkräftigen Hölzern. Seine Brennkraft ist ungefähr halb so groß als die des Buchenholzes. Infolge seiner weißen Farbe, seiner Weichheit und Leichtigkeit ist es zu allerhand gröberen Schnitzereien (Packfässern, Mulden, Schüsseln usw.), in der Zündhölzchenfabrikation, als Blindholz in der Möbeltischlerei, als Füllholz beim Wagenbau (Eisenbahnwagen), zu Bremsklötzen usw. stellenweise so gesucht, daß es sich dann im Preise den besseren Nutzholzsorten nähert. Wo Nadelhölzer fehlen, wird es gar zu Bauholz im Trockenen verwendet (Aspe) und ist als Rohstoff der Holzschleiferei sehr geschätzt. Es reißt nicht, schwindet und wirft sich wenig; wo Feuchtigkeit Zutritt hat, ist seine Dauer gering.“ (Fischbach's Forstbotanik 1905)

Heutige Verwendungen sind: Papierherstellung *(Holzschleiferei)*, Zündhölzer, Körbe, Obstkisten, Verpackungen, Holzschuhe, Sperrholz.

4.10   Robinie

Die gemeine Robinie (*Robinia pseudoacacia* L.) wird, wie der lateinische Name verdeutlicht, oft auch als „falsche Akazie“ bezeichnet. Bei den Robinien handelt es sich um sommergrüne Bäume mit wechselständigen, unpaarig gefiederten Blättern und verdornten Nebenblättern. Im traubigen Blütenstand, achselständig und hängend, sitzen meist weiße, bei manchen anderen Arten rosa oder auch purpurne zweilippige Blüten mit einem glockenförmigen Kelch. Die Früchte sind Hülsen, linealisch-länglich geformt, aufspringend, mit 3–10 Samen.

Der Baum kann eine Höhe bis zu 25 m erreichen, weist eine breite offene Krone auf. Am Grund des Baumes entsteht häufig eine Wurzelbrut, die von einem Dickicht junger Pflanzen umgeben ist. Die Blüten duften süßlich (Blütezeit Juni). Die Rinde ist bei jungen Bäumen glatt und dunkelbraun, später jedoch grau, tief gefurcht und durch breite Risse und Leisten charakterisiert. Der Baum stammt aus dem östlichen Nordamerika, wurde im 17./18. Jahrhundert nach Europa eingeführt und nach dem französischen Hofgärtner Jean *Robin* (155–1629; Apotheker und Botaniker) benannt, der sie offensichtlich die ersten Bäume in Europa pflanzte. In Ungarn, Rumänien, Tschechien und der Slowakei sind auch größere forstwirtschaftlich genutzte Bestände zu finden.

Der Forstbotaniker H. Fischbach (1905) beschreibt die forstwirtschaftliche Bedeutung des Baumes wie folgt:

„Standortansprüche: Der Umstand, daß die Robinie auf sehr armen und dürren Sandböden fortkommt, scheint auf große Anspruchslosigkeit hinzudeuten, ist aber, wie Aschenanalysen nachweisen, mit dem sehr weit ausgebreiteten Wurzelsystem in Zusammenhang zu bringen. Ihr volles Gedeihen, findet sie auf lockeren, kräftigen, warmen Böden in milder, möglichst gegen Frost und Wind geschützter Lage. Strenge, schwere Ton- und Lehmböden verträgt sie nicht gut, stagnierende Nässe überhaupt nicht. Ausgeprägte Lichtbedürftigkeit, lockere Belaubung und rasche Verwesung des abgefallenen Laubes bedingen sehr geringes Bodenverbesserungsvermögen.

Wuchs und Holzgüte: In der Jugend ist die Robinie außerordentlich raschwüchsig und produziert in kurzen Umtrieben selbst auf wenig günstigen Standorten ansehnliche Holzmassen. Im 30. bis 40. Jahre lässt das Wachstum nach. Im Schluss erzogen, bildet sie unter zusagenden Verhältnissen gerade, schlanke, ziemlich astreine Stämme mit lockerer, unregelmäßiger Krone; im Freistande und auf armen Böden überwiegt die Astbildung auf Kosten der Stammausformung. Auf flachgründigem und felsigem Standort bringt sie vorzügliches Ausschlagsvermögen zur Geltung und treibt zahlreiche Wurzel- Stockloden [Nebentriebe am Wurzelstock].

Das im Kern gelbe bis gelbbraune Holz ist sehr hart, fest, zäh und selbst unter ungünstigen Verwendungsverhältnissen außerordentlich dauerhaft; es deshalb ein von Wagnern und Maschinenbauern sehr geschätztes Material, eignet sich vorzüglich zu Erd- und Wasserbauten und wird zur Herstellung von Radkämmen, Schiffsnägeln usw., zu Drechsler- und Schnitzerarbeiten gesucht. Schon in jungen, vom Niederwald mit kurzem Umtrieb gelieferten Rundstücken wird es zu Obstbaum- und namentlich zu Rebpfählen gern verwendet. Seine Brennkraft steht ebenfalls sehr hoch und gibt der des Buchenholzes nichts nach. Das Laub ist als nährstoffreiches Viehfutter (namentlich für Schafe und Ziegen) geschätzt.

Forstliche Bedeutung und Behandlung: Bodengenügsamkeit, Schnellwüchsigkeit, großes Ausschlagsvermögen, erhebliche Massen- und Wertproduktion machen die Robini in forstlicher Beziehung zur beachtenswerten Kulturholzart, die allerdings auch andererseits auf magerem Boden bisweilen ohne Grund versagt und durch ihre Stockausschläge recht lästig werden kann. Für lockere Sandböden, steilere Einhänge und Schnitthalden kommt sie als bodenbindende Holzart in Betracht. Auf fehlerhaft gewählten Standorten leidet sie durch Frost, Schnee- und Eisanhang und zeigt dann leicht Ast- und Wipfelbruch.

Ihres weitgehenden Lichtanspruches halber hat sie bei Erziehung im Hochwald nur bei solchen Mischungsverhältnissen Erfolg, die ihrer Krone einen nachhaltig freien Stand sichern. Im Mittelwald eignet sie sich vermöge ihrer lichten Beschattung gut für den Oberholzbestand, und für den Niederwald wird sie durch ihr Aufschlagsvermögen und durch ihre Raschwüchsigkeit in der Jugend wertvoll. Namentlich weisen dürre, sonnige, ertragslose Hänge zum Anbau von Robinien-Ausschlagswald hin. Außerdem ist sie für Erziehung im freien, vereinzelten Stand außerhalb des Waldes wohlgeeignet, Sie lohnt daselbst durch besonders starken Zuwachs und dient als Zierholz, sowie infolge des Honigreichtums der Blüten als vortreffliches Bienenholz. Der Anbau erfolgt mit zwei- oder dreijährigen Setzlingen oder mit stärkeren ein- oder mehrmalig verschulten Heistern."* [Laubbäume der Baumschule bis 2,5 m ohne Krone].

Der Baum im Einzelnen

- *Wuchsform:* mittelgroß (bis 25 m), schlanker, oft krummer Stamm, lockere, unregelmäßige Krone

- *Rinde:* glatt, bildet frühzeitig hellgraue bis dunkelbraune, tief-längsrissige, starke Borke
- *Blätter:* mit 9–21 Fiederblättchen (s. Abb. 4.16), kurzgestielt, weich, eiförmig, Unterseite graugrün, am Blattgrund zwei große, flache, gekrümmte, stechende Dorner (= verwandelte Nebenblättchen)
- *Blüten.* Auffallend weiße Schmetterlingsblüten in 10–20 cm langen hängenden Trauben
- *Holz.* Sehr schmaler (aus 2–3, selten 4 Jahresringen) Splint, harter, goldgelber bis gelbbrauner Kern (geeignet für Pfähle, Grubenholz) – im Waldbau: zu Aufforsten von Ödland auf trockenen, sandigen und nährstoffarmen Böden.

ROBINIA FAUX-ACACIA.

Abb. 4.16   Robinie (Saint-Hilaire Arb. pl. 71/1824)

4.11   Ulme (Rüster)

Ulmen sind im Allgemeinen große laubwerfende Bäume, mit zerrissener und gefelderter Rinde, von denen etwa 20 Arten bekannt sind. Die Blüten sind zwittrig, meist klein und stehen in Büscheln; sie erscheinen vor dem Laubaustrieb. Die Blätter sind kurz gestielt, elliptisch, zugespitzt und unsymmetrisch; der Rand ist einfach oder doppelt gesägt. Die Oberfläche ist mehr oder weniger glänzend, glatt oder infolge kurzer Behaarung rau; an der Unterseite sind sie in den Aderwinkeln gebartet. Die Frucht ist eine geflügelte Nuss.

Über die *forstwirtschaftliche Behandlung* und den *Gebrauchswert des Holzes* ist in Fischbach's Forstbotanik von 1905 zu lesen:

> „Die Ulmen eignen sich für verschiedene Betriebsarten, werden am zweckmäßigsten aber als Oberholz im Mittelwald- oder Hochwaldbetrieb im Mischung mit bodenbessernden Laubhölzern (Buche, Weißbuche, Ahorn, Esche, Eiche) erzogen. Reine Bestände sind geringer Bodenpflege halber nicht zu empfehlen, eben deshalb auch nicht in Mischung in größeren Horsten, sondern Einzel- oder gruppenweise Mischung. Große Aufschlagfähigkeit und Wurzelbrutbildung gestatten Verwendung im Unterholz des Mittelwaldes sowie niederwaldartige Behandlung. Endlich eignen sich die Ulmen auch für Kopfholz- und Schneidelholzwirtschaft.
>
> Das grobfaserige, zähe, im Kern braunrote bis braune Holz ist seiner Festigkeit und Dauerhaftigkeit wegen als Bauholz, namentlich für Wasserbauten, ferner als Wagnerholz und als Material für alle möglichen Tischler-, Drechsler- und Holzschnittarbeiten sehr geschätzt (…). Die verschiedenen Ulmenarten erzeugen allerdings qualitativ verschiedenes Holz; das von *U. campestris* ist das beste…"

(Siehe Abb. 4.17).

Im Volks-Brockhaus von 1841 („Bilder-Conversations-Lexikon", Brockhaus-Verlag Leipzig) ist die Ulme, die *gemeine* (Feld-Ulme) wie folgt beschrieben:,

> „…, wächst im nördl. nur einzeln in Gehölzen und an Feld- und Wiesenrändern, bildet im südl. Deutschland und Italien aber ganze Wälder und wird in Frankreich, Belgien und Holland zur Anpflanzung von Allee mit Vorliebe benutzt. In gutem und feuchtem Boden erlangt die Ulme in 80–100 Jahren die Größe alter Eichen, dauert aber über 500 Jahre; sie hat einen geraden Stamm mit etwas gespreizt stehenden Ästen, dunkelbraune, rissige Rinde, länglich eiförmige, zugespitzte, obenher dunkel-, unter blassgrüne Blätter und rötliche kleine Blüten, welche gehäuft an den Seiten der Zweige stehen, vor den Blättern erscheinen und geflügelte Samen tragen, welche im Juni reifen. Das Holz der Ulme ist sehr fest, von alten Stämmen schon braungeflammt und nach dem Eichenholze unter den deutschen Laubbäumen das dauerhafteste Bau- und Nutzholz. Tischler und Stellmacher verarbeiten es gern, und vorzüglich beliebt ist zu Kanonenlaffeten und zum Schiffbau, weil es seiner großen Zähigkeit wegen am wenigsten splittert, wenn es von Kanonenkugeln getroffen wird; als Brennholz kommt es dem buchenen nahe. Da die Ulme am Stock sehr stark ausschlägt, kann sie auch als Schlagholz, sowie zu Hecken benutzt werden; auch Bast wird von Ulmen bereitet und das getrocknete Laub derselben, wenn es vorher nicht durch Insekten verdorben war, gibt ein gutes Futter für Schafe. Endlich wird auch die innere Rinde von jungen Stämmen als Heilmittel verwendet."

Abb. 4.17   Feldulme 1: Blütenzweig, 2: Fruchtzweig. (Aus Fischbach 1905, Abb. 54)

Von den zahlreichen Ulmenarten seien die Feld-Ulme (*Ulmus minor,* früher auch *U. campestris*), die Berg-Ulme *(U. glabra)* und auch die Flatter-Ulme *(U. laevis),* von denen letztere vor allem Überschwemmungen gut überstehen kann und auch weniger stark vom *Ulmensterben* betroffen ist, das durch den Pilz *Ceratocystis ulmi* hervorgerufen wird, der im Ersten Weltkrieg aus Ostasien nach Frankreich eingeschleppt wurde. Der Pilz löste ein vorzeitiges Welken aus (Tracheomykose) und wird durch den Ulmen-Splintkäfer verbreitet, der jedoch die junge Triebe der Flatter-Ulme eher meidet.

Nadelbäume

5

Inhaltsverzeichnis

5.1   Allgemeine Eigenschaften

In der Forstbotanik werden die vier forstwirtschaftlichen wichtigsten Gattungen wie folgt unterschieden – mit Beschreibungen aus Fischbach (1905), die noch heute gültig sind:

„1. *Picae* (Fichten): Kurztriebe fehlen, mehrjährige Nadeln auf stark hervorspringenden Blattkissen, vierkantig, auf allen Seiten Spaltöffnungen tragend… Zapfen an der Spitze vorjähriger Zweige hängend, nicht zerfallend, Deckschuppen verkümmernd, Samenreife einjährig.

2. *Abies* (Tannen): Kurztriebe fehlen, mehrjährige Nadeln nicht auf Nadelkissen sitzend, flach, unterseits mit zwei mehr oder weniger deutlichen weißen Spaltöffnungsstreifen. Zapfen aufrecht hinter der Spitze vorjähriger Zweige, zerfallend, Deckschuppen gut entwickelt, Samenreife einjährig.

3. *Pinus* (Kiefer): Lang- und Kurztriebe vorhanden, letztere mit zwei, drei, oder fünf mehrjährigen Nadeln. Zapfen am Ende junger Triebe, später meist hängend, nicht zerfallend, Zapfenschuppen in der oberen Hälfte höckerartig verdickt, Deckschuppen kleiner als Fruchtschuppen, Samenreife zweijährig.

4. *Latrix* (Lärche): Lang- und Kurztriebe vorhanden, letztere mit Nadelbüscheln, Nadeln einjährig. Zapfen nicht zerfallend, gestielt, krümmen sich nach unten, Deckschuppe zur Blütezeit größer als die Fruchtschuppe, zur Reifezeit kleiner. Samenreife einjährig."

5.2   Fichte

5.2.1   Gewöhnliche Fichte (*Picea abies*)

In der Forstbotanik von Fischbach wird die Fichte noch mit dem lateinischen Namen *Picea exelsa* Link (nach Heinrich Friedrich Link (1767–1851, ab 1815 Professor für Naturgeschichte in Berlin) wie folgt vorgestellt – in einer ausführlichen Beschreibung, die zur Anleitung für eigene Beobachtungen sehr geeignet ist (Abb. 5.1):

„*Blüte und Frucht:* Die Blütezeit fällt in den Monat Mai, die Samenreife in den Oktober.

Die männlichen, vor dem Verstäuben schon rot (wie Erdbeeren) gefärbten, später gelb aussehenden Blüten stehen vereinzelt in den Achseln vorjähriger Nadeln, die weiblichen an der Spitzen der Triebe, aber nur im Gipfel und am äußeren Ende stärkerer Äste. Sie sind vor der Bestäubung aufgerichtet und die von kleinen, nicht fortwachsenden Deckblättern gestützten, ebenfalls schön rot gefärbten Karpelle zurückgeschlagen. Bald nach der Befruchtung aber schließen sich letztere aneinander an, und der ganze Zapfen wird nun hängend. Die Schuppen des reifen Zapfens sind nicht verdickt, mehr oder weniger rund und an ihrem oberen Rande meist gezähnt. Der Same fliegt in den ersten Monaten des folgenden Jahres gewöhnlich bei trockener Witterung aus und behält seine Keimkraft notdürftig drei bis vier (selten fünf bis sechs) Jahre lang.

Der *Fichtensame* ist leicht mit demjenigen der Kiefer zu verwechseln, da er mit diesem sowohl der Form als der Größe nach übereinstimmt. Beide unterscheiden sich aber in der Farbe. Bei der Fichte ist der Same durchaus rostfarbig, bei der Kiefer dagegen schwärzlich oder vielmehr schwarz marmoriert, was schon mit bloßem Auge, noch besser mit der Lupe zu erkennen ist. Viel leichter ist die Unterscheidung am noch geflügelten Samen: Bei der Fichte überzieht die Substanz des Flügels die ganze untere Seite des Samens, so daß bei vorsichtiger Entfernung des letzteren eine löffelförmige Vertiefung im Flügel übrigbleibt. Bei der Kiefer hingegen wird der Same vom Flügel nur zangenförmig umfasst, so dass nach Entfernung des Samenkornes im Flügel eine ohrartige Öffnung erscheint.

Unter den botanischen Eigentümlichkeiten der Fichte ist die stark ausgeprägte Neigung zum Variieren hervorzuheben.

Die *Entwickelung* ist in der ersten Jugend im Allgemeinen langsam. Erst wenn der junge Fichtenbestand sich im 15- bis 20jährigen Alter schließt oder die einzelne Pflanze durch die tief angesetzte Beastung ihren Fuß kräftig beschattet, entwickelt sich ein lebhafter, lang andauernder Höhenwuchs, der durchschnittlich zwischen dem 25. bis 50. Jahre am stärksten ist. Die Mannbarkeit tritt im Freistand oft schon sehr zeitig, im geschlossenen Bestande erst im 60. bis 70. Jahre ein. Sogenannte Samenjahre folgen sich dann aller 4 bis 6, im Gebirge aller 7 bi 8 Jahre.

Geographische Verbreitung der Fichte: Die Fichte ist der verbreiteste und wirtschaftlich bedeutsamste Waldbaum Ost-, Mittel- und Süddeutschlands, der Alpen und Karpaten, Skandinaviens und des europäischen Russlands. Sie ist im allgemeinen ein Baum des Gebirges und des höheren Nordens; in beiden Fällen geht sie bis zur Baumgrenze, in den

Abb. 5.1 FICHTE 1: männl. Blüte, 2: weibl. Blüte, 3: Karpellar(Frucht)blatt von oben, mit beiden Samenknospen, 4: dazugehöriges Deckblatt, 5: reifer Zapfen, 6: Schuppe, 7: Deckblatt, 8: benadelter Zweig, 9: vergrößerte Nadel der Keimpflanze, 10: Keimling, 11: Nadel im Durchschnitt vergrößert. (Fischbach 1905 – Abb. 23)

bayrischen Alpen bis zu 1800 m und mehr, in Südtirol bis 2100 m, in den Karpaten bis 1580 m. Die im größten Teil des Jahres feuchtere Gebirgsluft erhält sie bis ins hohe Alte frohwüchsig und gesund. Bringt man sie in die Tiefebene, so zeigt sie selbst auf flachgründigem, aber frischem Boden und in der Jugend häufig ein sehr üppiges Wachstum, hört aber oft schon frühzeitig zu gedeihen auf und liefert bei der endlichen Benutzung ein schwammiges, schlechtes Holz, wenn solches nicht vielleicht schon auf dem Stocke anbrüchig (rotfaul) geworden ist. Unter einer Meereshöhe von 350 bis 450 m ist in Süddeutschland ihr Anbau im Großen auf frische Böden und kühle Lagen zu beschränken, andernfalls stockst sie leicht und dauernd im Wuchs. In Nordostdeutschland steigt sie in die Ebene herab und geht mit gutem Erfolg bis an der Meeresküste.

Bewirtschaftung der Fichte: Am häufigsten wird die Fichte im schlagweisen Hochwald bewirtschaftet; sie tritt in solchem auf ausgedehnten Strecken rein auf; für Mischungen mit Buche, Tanne, Lärche und Kiefer ist sie ebenfalls geeignet. Vermöge ihrer anhaltenden kräftigen Beschattung und ihres reichlichen Nadelabfalls erhält und mehrt sie die Bodenkraft und gewährt wegen ihres langsameren Wuchses in der Jugend beigemischten

Lichtbäumen einen vollkommenen Vorsprung, ohne selbst anfänglich viel von ihnen zu leiden. Andererseits eignet sie sich nicht als Bodenschutzholz, weil sie bei dichtem Stande den Boden in dessen oberen Schichten austrocknet und den Wasser- und Luftzutritt zum Boden zu sehr abhält.

Infolge der ausgeprägten Sturmgefahr eignet sich die Fichte weniger zum Femel-betrieb [Form des Hochwaldbetriebes], wenn sie auch durch den freieren Stand, der ihr hier von Jugend auf gesichert ist, widerstandsfähiger wird. Trotzdem die Fichte die Eigenschaft besitzt, nach längerer, nicht allzu starker Beschattung sich allmählich wieder zu erholen und noch lange wüchsig zu bleiben, empfiehlt sich die natürliche Verjüngung nur bei ungünstigen Standortsverhältnissen, die andauernde Bestockung wünschenswert machen, in Hochlagen und dort, wo die Sturmgefahr weniger in Erscheinung tritt. Steile Einsenkungen, Felspartien, raue Lagen zählen hierher. In allen anderen Lokalitäten ist der *Kahlschlagbetrieb* mit nachfolgender, zumeist künstlicher Verjüngung durch Saat oder Pflanzung unbedingt vorzuziehen. Bei der Schlagführung ist die Windgefahr in erster Linie und dauernd zu beachten; man schlägt der Windrichtung entgegen, in Deutschland zumeist von Ost nach West."

(…)

Verwendung des Fichtenholzes: Die Fichte liefert zwar nicht das qualitativ beste und gebrauchsfähigste, aber das am meisten verwendete Holz, sie ist der für die Holz-industrie wertvollste Baum unter sämtlichen Holzarten. Seine wertvollen technischen Eigenschaften halber findet das Holz im Hochbau, al Säge- und Werkholz vielfältigste Verwendung, ebenso auch im Wasser-, Berg- und Erdbau, wenn auch dauerhaftere Holz-arten für letztere Zwecke geeigneter erscheinen. Besondere Bedeutung hat die Fichte für die Holzstoff- Holzzellulosefabrikationen. Fein- und gleichjähriges Holz eignet sich als Resonanzbodenholz; die Äste und Wurzeln geben ein sehr dauerhaftes Flechtmaterial, das Stockholz wird vielfach verkohlt oder als Heizmaterial verwendet."

Exkurs zu den Fichtenwäldern im Harz

Im ersten Jahrtausend n. Chr. wuchsen im Harz, der von Karl dem Großen vor 800 zum Reichsbannwald erklärt wurde, wo nur gekrönte Häupter jagen durften, in den Höhenlagen überwiegend Harthölzer, vor allem Rotbuchen, die für einen natürlichen Bergwald typisch waren. Heute jedoch sind auf den bewirtschafteten Flächen noch meistens Monokulturen von Fichten anzutreffen. Diese Veränderung ist auf die Bergbaugeschichte im Oberharz zurückzuführen – mit einem hohen Holzbedarf, den damit verbundenen Übernutzungen und Devastierungen (Ver-wüstungen) der Waldbestände. Die Wiederaufforstung erfolgte mit den relativ einfach anzubauenden und anspruchslosen Fichten seit der Mitte des 18. Jahr-hunderts. Sie geht vor allem auf die Anregung des damaligen Oberforst- und Jägermeisters Johann Georg von Langen (1699–1776) u. a. im Dienste des Herzogs Ludwig Rudolf von Braunschweig-Lüneburg zurück. Langen wirkte auch in Norwegen und gründete im Auftrag des Herzogs Karl L. von Braunschweig-Wolfenbüttel die noch heute bestehende Porzellanmanufaktur Fürstenberg. Die Monokulturen an Fichten begünstigten jedoch die Vermehrung des Borkenkäfers, insbesondere dann, wenn die Bäume durch Stressfaktoren wie vor allem den Klimawandel geschwächt sind. Nach dem Dürrejahr 2018 wurden im National-park Harz 3030 ha Fichtenwald vom Borkenkäfer befallen, das sind 12 % des Nationalparks.

Die Pflanze im Einzelnen

Die *Gewöhnliche Fichte* (*Picae abies*), ein immergrüner Nadelbaum, der auch als Rottanne bezeichnet wird, ist auch heute noch ein wichtigster Forstbaum, als „Brotbaum der Forstwirte" bezeichnet, wird vermehrt in Mischkulturen angebaut.

- *Gestalt des Baumes:* gleichmäßig kegelförmige Krone, Äste waagerecht oder auch bogig aufwärts gebogen, gerader säulenförmigen Stamm, Wuchshöhe 30–50 m, Alter 70 bis 120 Jahre
- *Stamm:* Stärke 1–1,50 m
- *Nadeln* (= nadelförmige Blätter): schraubig um den Zweig angeordnet, 10–25 mm lang, ca. 1 mm breit, stachelspitzig, im Querschnitt vierkantig, flach rhombisch bis fast quadratisch, glänzend dunkelgrün mit feiner heller Linie (Spaltöffnungslinie), meist vom Zweig seitlich und nach oben abstehend, häufig säbelförmig gekrümmt, sitzend auf stark vorspringenden Blattkissen (entnebelte Zweige fühlen sich rau an), Lebensdauer 6–7 Jahre.
- *Blüten:* eingeschlechtig, an vorjährigen Trieben im oberen Wipfelbereich; männlich: blattachselständig, vor dem Aufblühen karminrot, anfangs kugelig, dann 15–25 cm lange Blüten, bilden beim Aufblühen emporgerichtete, rotgelbe Kätzchen (Blütenstand); weiblich: anfangs aufrecht stehend in purpurroten 2–4 cm langen Zapfen, nach der Befruchtung abwärts neigend.
- *Zapfen:* junge Zapfen grün, reifen im Oktober/November, werden braun, zylindrisch, 10–18 cm lang, geöffnet 3–5 cm breit, mehr oder weniger harzig; Zapfenschuppen mit glatten Rändern, am oberen Rand meist gezähnelt; Samen sind sogenannte Schraubenflieger; nach dem Ausfliegen fallen die Zapfen ab (zur Gewinnung von Saatgut: Zapfen werden vor der Samenreife in den Baumwipfeln gepflückt), je Zapfen 300–500 Samen, 4–5 mm lang, kaffeebraun, eiförmig, mit gedrehter Spitze, löffelartig vertiefter, häutiger 15 mm langer und 6 mm breite Flügel
- *Wurzeln:* flachwurzelnd, bilden Wurzelteller, Baum verliert bei einem Sturm leicht seinen Halt
- *Holz:* sehr hell, weißlich, gelblich, leicht, weich, harzreich, tragfest, gut bearbeitbar, Verwendung: als Bauholz, Balken, Latten für Dächer, Fenster, Täfelungen, Schindeln, Fußböden, Absperrfurniere, für Spielzeug, Kisten, Möbel; Herstellung von Holzschliff (Gewinnung von Zellulose für Papier und auch Viskose); jüngere Stämme: als Gerüststangen, Leitungsmasten, Baumpfähle, Zäune; gleichmäßig gewachsene astfreie Stammabschnitte als hochwertiges Holz für Resonanzböden von Streichinstrumenten.

5.3 Tanne

5.3.1 Weiss-Tanne (*Abies alba* Mill., syn.: *Abies pectinata*)

Die Weiß-Tanne gehört zu den Baumarten, an den sehr früh schon die Folgen der Luftverschmutzung in Erscheinung traten. Infolgedessen ging auch ihr Bestand in den letzten zwei Jahrhunderten stark zurück ging.

In der Fischbach'schen Forstbotanik (1905) wird sie ausführlich – und auch im Vergleich zur Fichte – beschrieben:

„Ihren Namen hat die Weißtanne von den Blättern, da dieselben unterseits zwei weiße Spaltöffnungsreihen tragen, und ferner von der lange Zeit, oft auch noch im aufgerissenen Zustande hell bleibenden Rinde; *pectinata* heißt sie von den an beschatteten Seitentrieben kammförmig (gescheitelt) gestellten Nadeln. [heute jedoch *Abies alba*].

Blüte und Frucht. Die Blütezeit (Ende April, Anfang Mai) fällt mit derjenigen der Fichte nahezu zusammen.

Die männlichen Blüten stehen dichtgedrängt in den Blattachseln der vorjährigen Triebe und zwar auf der Triebunterseite, sind gelb, an der Sonnenseite braunrötlich.

Die weiblichen finden sich fast nur im Gipfel älterer Bäume auf der Oberseite der vorjährigen Zweige, sind hellgrün oder grünlichgelb und aufgerichtet. Die Deckblätter sind viel mehr entwickelt als bei der Fichte, so daß zur Blütezeit die Karpelle vollständig verdeckt sind. Während die Deckblätter bei der Fichte nach der Blütezeit verkümmern, wachsen sie bei der Tanne fort, so daß ihre Spitzen noch am reifen Zapfen über die Fruchtschuppen hinausragen und ihm dadurch das eigentümlich zierliche Aussehen verleihen. Beim Zerfallen des Zapfens bleiben die Deckblätter mit ihrer Schuppe in fester Verwachsung. Der Same ist groß, dreieckig und von dem auffallend breiten Flügel nicht bloß auf der oberen, sondern teilweise auch noch auf der unteren Seite umhüllt. Der reife Zapfen ist fast vollkommen walzig und oben etwas eingedrückt; seine Reifezeit fällt gewöhnlich in den September; bald darauf (Anfang Oktober) zerfällt der Zapfen ganz, nur die Spindel bleibt auf dem Baum. Die Nadeln sind breit, an der Spitze eingekerbt, diejenigen der Krone einspitzig.

Same. Da derselbe sehr reich an ätherischen und fetten Ölen ist, so erhitzt er sich, zumal im frischen Zustande, außerordentlich leicht und verliert damit seine Keimkraft, die auch im günstigsten Falle nicht übers nächste Frühjahr hinüber dauert. Deshalb wird er am besten schon im Herbst gesät oder muss, falls dies nicht geschieht, luftig gelagert und fleißig gewendet werden. Über Winter lässt man ihn zweckmäßigerweise in den leicht zerfallenden Zapfen liegen; gegen das Frühjahr hin benetzt man ihn mit Vorteil von Zeit zu Zeit mit Wasser, um ihn vor übermäßiger Austrocknung zu bewahren, sorgt aber durch öfteres Wenden dafür, daß weder Ankeimung nach Schimmelbildung eintritt.

(…)

Geographische Verbreitung: Das natürliche Verbreitungsgebiet der Tanne ist wesentlich kleiner als das der Fichte. Im Hochgebirge und im hohen Norden leidet sie zu sehr von der Ungunst des Klimas, in der Tieflage durch Trockenheit der Luft, Dürre und stellenweis wegen zeitiger Entwicklung im Frühjahr durch Frost. Sie befindet sich im Vor- und Mittelgebirge am wohlsten und sucht auch da mehr große Waldkomplexe und kühle, schattige Lagen auf. Ihre hauptsächliche Verbreitung hat sie in Süd- und Südwesteuropa; im mittleren Teile, noch mehr in Norden und Nordosten tritt sie zurück. In Deutschland findet sich geschlossener reiner Tannenbestand in großer Ausdehnung nur im Schwarzwald und in den Vogesen. Die Tanne steigt hier bis 1200 und 1300 m. Nach der Grenze ihres Verbreitungsgebietes zu tritt sie nur mehr in Mischung auf.

(…)

Da *Holz der Weißtanne* findet ähnliche Verwendung wie das der Fichte, hat aber einen etwas geringeren Gebrauchswert. In manchen Gegenden gilt es zwar für dauerhafter, tragfähiger und brennkräftiger, im Allgemeinen aber wird es weniger geschätzt, weil es mit der Zeit grau wird. Es ist etwas schwerer als das der Fichte."

Im Einzelnen:

- *Wuchsform:* kerzengerader, walzenförmiger Stamm, breit-kegelförmige Krone, Äste waagerecht abstehend, im Wirtschaftswald Höhe 30–40 m, Stammstärke 1 m, Alter 180–200 Jahre
- *Bodenansprüche:* gedeiht auf Kalk- und auch Silikatgestein, liebt frische, nährstoffreiche, humose Substrate, hohe Niederschläge vorteilhaft
- *Rinde:* anfangs dunkelgrau mit Harzblasen, im Alter silbergrau mit rechteckigen Schuppen
- *Winterknospen:* harzlos, eiförmig, vorn leicht abgerundet, 3–5 mm, hell rotbraun
- *Triebe:* ungehaart, ungleich lange, gescheitelte Schattennadeln oder relativ dicke, kurze Sonnennadeln
- *Nadeln:* 8–12 Jahre am Baum, biegsam, 15–30 mm lang, 2–3 mm breit, abgeflacht, Oberseite glänzend grün, mit schwach eingesenkter Mittelrippe, Unterseite mit zwei bläulich-weißen Spaltöffnungsstreifen, an der Spitze deutlich ausgerandet, nicht stechend
- *Blüten:* männl. In zylindrischen, 20 mm lange, 6 mm breite Kätzchen (gelb bis gelbbraun, am Grund mit zahlreichen, bräunlichen Schuppen; *Pollen:* mit Luftsäcken, weibl. bleichgrüne, aufrecht stehende Zäpfchen – nur in Wipfelregionen des Baumes
- *Zapfen:* bis 16 cm lang, zur Spitze verjüngt, bei Reife bräunlich, Deckschuppen ragen heraus und sind zurückgebogen, **stets aufrecht am Baum stehend, zerfallen am Boden** (Spindel in Abb. 5.2/8)
- *Wurzeln.* Kräftiges, tief greifendes Herzwurzelsystem
- *Holz:* gelblich-weiß, ohne Harzkanäle. Markstrahlen schwer erkennbar

Tannensterben – Rückgang in Bayern von 14 % (1830) auf 1 % (1960).

5.4   Kiefer (Pinus sylvestris L.)

Eine sehr ausführliche (auch didaktisch gelungene) Beschreibung vermittelt „Der Leitfaden der Botanik", ein weit verbreitetes „Hilfsbuch für den Unterricht in der Pflanzenkunde an höheren Lehranstalten" von Otto *Schmeil* (18. Auflage Leipzig 1908),

Otto *Schmeil* (1860–1943) wurde nach einer Lehrerausbildung bis 1880, der Mittelschullehrerprüfung 1887 und der Rektorenprüfung 1888 im Jahre 1894 Rektor der großen Wilhelmstädter Volksschule in Magdeburg mit 40 Lehrern und 1400 Schülern. Er studierte nebenbei an der Universität Leipzig und promovierte dort 1891 mit einer Arbeit über Ruderfußkrebse. 1904 verließ er den Schuldienst und war danach als Fachbuchautor tätig. Sein Pflanzenbestimmungsbuch „Flora von Deutschland und seiner angrenzenden Gebiete" unter den

Abb. 5.2 Weißtanne 1: männl. Blüte, 2: weibl. Blüte, 3: Deckblatt, 4: Karpellarblatt mit Samenknospen, 5: Same mit beiden Knospen vergrößert, 6: Zapfenschuppe von unten, 7: reifer Zapfen,
8: Spindel des zerfallenen Zapfens, 9: beblätterter Zweig, 10: Keimpflanze im Herbst des ersten
Jahres (Fischbach Abb. 25)

Autoren *Schmeil/Fitschen* (in Zusammenarbeit mit dem Magdeburger Lehrer
Jost Fitschen(1869–1947) erschien ab1903 und gilt noch heute mit 96 Auflagen
(Gesamtauflage mehr als 2,5 Mio. Exemplare) als Standardwerk für Botaniker.

„**Die Kiefer** (Pinus silvestris).
    Die Kiefer bildet besonders auf Sandboden mächtige Wälder („Heiden'). Ja, selbst die
ödesten Landstrecken, auf denen kein anderer Baum mehr gedeiht, vermag sie noch zu
bewohnen. *Wodurch ist sie hierzu befähigt?*
    A. **Wurzel.** 1. Nehmen wir eine (junge) Kiefer aus dem Boden, so sehen wir, daß sie
ein *sehr großes* und *stark verzweigtes Wurzelgeflecht* besitzt. Sie hält sich also wie mit
Tausenden von Armen in dem lockeren Grunde fest, und sie steht umso sicherer (Sturm!),
als sie eine *Pfahlwurzel* tief in den Boden senkt.

Mit dem mächtigen Wurzelgeflechte durchzieht sie ferner eine sehr große Erdmasse. Sie kann daher auch dem ödesten Sandboden die nötigen Wasser- und Nahrungsmengen herbeischaffen. Da sich *zahlreiche Wurzeln direkt unter der Erdoberfläche* dahinziehen, vermag sie selbst die kleinsten Mengen von Tau und Regen aufzusaugen. Wir finden die Kiefer daher noch an Orten, an denen andere Bäume – verdursten und verhungern müssten.

2. Die Pflanzen nehmen das Wasser in der Regel durch winzige Schläuche auf, die sich an den Enden der Wurzeläste finden. Der Kiefer fehlen aber (gleich den meisten anderen Waldbäumen) diese sog. Wurzelhaare. Wie das Mikroskop zeigt, sind die *Wurzelenden dagegen von einem dichten Geflechte zarter Pilzfäden umsponnen* (s. Champignon). Diese Fäden erstrecken sich weit nach außen, durchwuchern den Waldboden und entnehmen ihm Wasser samt den darin gelösten Nährstoffen. Andererseits legen sie sich aber auch so dicht um die Wurzelenden, daß diese imstande sind, ihnen das aufgenommene Wasser zu entziehen. Da nun die Pilzfäden viele hundertmal länger sind als die Wurzelhaare, so kann der Baum mit ihrer Hilfe auch weit mehr Wasser und Nährstoffe aufnahmen als wenn seine Wurzeln mit jenen Gebilden ausgerüstet wären.

B. **Stamm und Zweige.** 1. Der Stamm und die Zweige der Kiefer sind in der Jugend mit einer rötlichen *Rinde*, später von einer dicken, graubraunen *Borke* bedeckt. Schlägt man der Kiefer eine Wunde, so fließt ein sehr klebriger Stoff hervor, der alle Teil des Baumes gleichsam durchtränkt. Dieses *Harz* verschließt die Wundstelle, verwehrt also den Pilzkeimen, die Krankheit oder Fäulnis erregen, in die Pflanze einzudringen. Außerdem ist das Harz ein wichtiges Schutzmittel gegen zahlreiche Tiere.

2. Der Stamm der Kiefer löst sich nicht, wie z. B. der der Eiche, in mehrere große Äste auf. In jedem Frühjahre verlängert er sich vielmehr um ein Stück. Auf diese Weise entsteht eine *kerzengerade Säule*, die eine Höhe von fast 50 m erreichen kann. Gleichzeitig bilden sich am Ende des Stammes mehrere *quirlförmig gestellte Zweige*. Daher ist der Baum aus so vielen ‚Stockwerken' zusammengesetzt, als er Jahre zählt. Die Zweige verlängern und verzweigen sich fortgesetzt in derselben Weise.

3. *Die jungen Zweiglein* (‚Maitriebe') lassen die Kiefer wie einen Weihnachtsbaum erscheinen, der mit zahlreichen Kerzen geschmückt ist. Ein solcher Zweig (zerbrich ihn!) ist außerordentlich zart und saftreich. Daher ist er auch gegen zu starke Verdunstung vortrefflich geschützt: er steht nicht allein *senkrecht*, sondern ist auch von einer besonderen Hülle umgeben. Sie wird von häutigen, *rostfarbenen Blättchen* gebildet, die am Rande ausgefranst und untereinander verfilzt und verklebt sind. Streckt sich der Trieb in die Länge, so zerreißt der ‚Schutzmantel', und die häutigen Blättchen fallen nach und nach ab. Dann verlassen die jungen Zweige auch ihre ‚Schutzstellung', um immer mehr die Richtung der ausgebildeten anzunehmen.

Wenn der ‚Mantel' zerreißt, sieht man, daß jedes Blättchen in seiner Achsel ein Gebilde trägt, aus dem sich später je ein Nadelpaar entwickelt. Nun kommen aber aus den Achseln der Blätter stets Zweige hervor. Folglich haben wir es auch hier mit Zweigen zu tun. Im Gegensatz zu dem ganzen ‚Maitriebe', der sich stark in die Länge streckt (‚*Langtrieb*'), bleiben diese Zweiglein allerdings sehr kurz (‚*Kurztriebe*') – Jeder Kurztrieb trägt ein Paar

C. **Blätter**, die nach ihrer Form als Nadeln bezeichnet werden.

1. Die überaus zarten Gebilde sind jetzt noch von häutigen, *silberweißen Blättchen* schützend umhüllt. Etwa Ende Mai durchbrechen sie diese Schutzhülle und treten ins Freie. Ihre silberweißen Blättchen gehen nunmehr bis auf Reste, die am Grunde der Nadeln zurückbleiben, bald verloren.

2. Das Nadelpaar Muss sich, von der Schutzscheide umhüllt, in den Raum eines Kreises teilen. Daher ist jede Nadel – auch die ausgebildete – im *Querschnitte halbkreisförmig*.

3. Da die Kiefer auf sehr trockenem Boden gedeihen kann, dürfen ihre Blätter auch *nur wenig Wasser verdunsten*:

a) Sie sind – wie wir gesehen haben – *nadelförmig*, besitzen daher nur eine verhältnismäßig kleine Oberfläche.

b) Die *Oberhaut* ist dick und daher vom Wasserdampfe nur schwer zu durchdringen. Die Blätter erscheinen darum auch hart und trocken.

c) *Spaltöffnungen*, durch die das meiste Wasser verdunstet, sind nur in sehr geringer Zahl vorhanden. Sie münden zudem wie beim Heidekraute in ‚windstille Räume‘.

4. Die Kiefer ist daher im Gegensatze zu unseren Laubbäumen imstande, auch während des ‚trockenen‘ Winters ihre Blätter zu behalten: sie ist *immergrün*. Da die Blätter nadelförmig sind, so häufen sich zwischen ihnen auch bei weitem nicht so große Schneemengen an, als dies in der dichten Blätterkrone z.B. der Linde oder der Roßkastanie geschehen würde.

Die Schneelast, die die Kiefer zu tragen hat, ist jedoch viel größer als die, die auf einem unbelaubten Baume ruht. Daher sind auch – wie hier nachzutragen ist – die *Kiefernäste auffallend dick und sehr biegsam.*

Die abgefallenen, harten und harzreichen Nadeln verwesen nur sehr langsam. Daher häufen sie sich nach und nach zu einer dicken Schicht an. Diese modernden Nadelmassen bilden besonders für Pilze eine reiche Nahrungsquelle. ‚Höheren‘ Pflanzen dagegen sagt diese Nahrung nicht zu. Sie finden übrigens in dem Halbdunkel. Das hier meist selbst am hellen Tage herrscht, auch nicht das nötige Licht. Infolgedessen ist der Kiefernwald arm an ‚Waldpflanzen‘. Vor allem Dingen fehlt das Unterholz. Hiermit hängt wieder die Armut an Vögeln zusammen, die sich von Samen und Beeren nähren. Daher die große Stille im Kiefernwalde!

D. **Blüten.** Die Kiefer ist, wie z.B. der Haselnußstrauch, eine *einhäusige Pflanze.*

1. Die *Staubblüten* finden sich in größere Anzahl am Grund der jungen Triebe und sehen den Kätzchen der Laubbäume ähnlich. Wie die Kurztriebe, deren Stellen sie einnehmen, entspringen sie aus der Achsel je eines häutigen Blattes, das ihnen mit 3 weiteren Blättchen in der Jugend als schützende Hülle dient. Die Blütenachse trägt zahlreich gelbe Staubblätter, die auf der Unterseite je 2 große Staubbeutelfächer besitzen (Abb. 5.3).

Unten: Staubblätter (1. Stäubende Blüte, 2. geschlossenes und 3. entleertes Staubblatt) und Samenblüte (1. Blüte, 2. Fruchtblatt von unten) der Kiefer – Erläuterungen der Buchstaben im Text

(aus O. Schmeil (1908), Leitfaden der Botanik, S. 214) –

2. Die *Samenblüten* stehen als rötliche ‚Zapfen‘ an der Spitze der jungen Triebe und sind anfänglich von braunen Schuppen schützend umhüllt. An der Blütenachse entspringen zahlreiche fleischige Blätter (F.), die auf der Unterseite je ein häutiges Blättchen (h.B.) tragen. Auf der Oberseite sind die fleischigen ‚Fruchtblätter oder Fruchtschuppen‘ mit einem vorspringenden Kiele (K.) versehen, neben denen die beiden Samenknospen (S.) zu finden sind. Während bei den bisher betrachteten Pflanzen die Samenknospen von einem Fruchtknoten eingeschlossen werden, liegen sie hier also frei auf dem Fruchtblatte (‚nacktsamige Pflanzen‘ im Gegensatz zu den ‚bedecktsamigen‘).

3. Die *Bestäubung* besorgt wie beim Haselnußstrauche der Wind. (…) Sie kann umso sicherer erfolgen, als die Kiefer zumeist in *großen Beständen auftritt.*

I. Die *Staubblüten* sind wie die Blüten aller windblütigen Pflanzen

a) *unscheinbar, duft- und honiglos.*

b) Da sie sich am Grunde der jungen Triebe finden, stehen sie stets *an der Außenseite der Baumkrone,* dem Winde also vortrefflich ausgesetzt.

c) Der Blütenstaub wird in so *großen Mengen* erzeugt, daß die Pflanzen auf den Waldwegen von ihm oft wie mit einer gelben Schicht bedeckt sind. ‚Es hat Schwefel geregnet‘, sagen dann die Leute.

d) Da der Blütenstaub ein *trockenes Pulver* darstellt, kann er vom Winde leicht verweht werden.

e) Zudem trägt jedes Staubkorn jederseits eine *luftgefüllte Blase.* Durch diese luftballonartigen Gebilde wird der Blütenstaub lange schwebend erhalten.

f) Rieselt der Blütenstaub bei Windstille aus den Staubbeutelfächern, so wird er

Abb. 5.3 KIEFER **Oben:**1: benadelter Zweig mit männl. Blüten (rechts) und Zapfen (links); 2,3: männl., weibl. Blüten, 4,5: Karpell (Fruchtblatt) mit Samenknospen, von oben bzw. unten, 6: reifer Zapfen, 7: Keimpflanze, 8: Primärblatt von 7 vergrößert, 9: zweinadeliger Kurztrieb, 10: Schnitt durch zwei Nadeln (Fischbach Abb. 26)

auf der *Oberseite der darunter stehenden Staubblätter abgelagert.*
g) Ist aller Blütenstaub verweht, dann vertrocknen die Staubblüten, fallen ab und lassen am *Zweige eine kahle* (nadellose) *Stelle* zurück.

II. Die *Samenblüten* sind wie die Staubblüten

a) *duft- und honiglos* und trotz ihrer roten Färbung ganz *unauffällig.*

b) Sie nehmen die *Spitze der jungen Triebe* ein, sind also dem Winde vollkommen frei ausgesetzt.

c) Da die *Samenblüten aufrecht stehen,* und

d) da die *Fruchtblätter zur Blütezeit von der Achse abspreizen,* vermag der trockene Blütenstaub zu den Samenknospen hinab zu rollen. Das erfolgt umso sicherer, als er von

e) den *Kielen der Fruchtblätter* gleichsam dorthin geleitet wird. Hier gelangt er zwischen

f) die *Fortsätze, zu denen die Hälfte der Samenknospen ausgezogen ist.* Im nächsten Frühjahre findet aber erst die Vereinigung zwischen Blütenstaub und Samenknospen statt (,Befruchtung').

E. Zapfen und Samen. 1. Die zarten Samenknospen und Blütenstaubkörnchen, sowie die jungen Samen können aber unmöglich fei daliegen. Die fortwachsenden *Fruchtschuppen schließen sich* daher nach erfolgter Bestäubung, und ihre Ränder *verkleben durch Harz.*

2. Im 1. Jahre vergrößert sich der Zapfen nur wenig, Er neigt sich aber langsam *nach unten.* Im 2. Jahre wächst er umso schneller. Di bisher grünen *Fruchtschuppen verholzen* jetzt und nehmen eine braune Färbung an. Im März oder April des 3. Jahres endlich trocknen die Schuppen so stark ein, daß sie *auseinander spreizen.*

3. Da nun die Zapfen herabhängen, fallen die reifen Samen sofort heraus. Die federleichten, mit einem *flügelförmigen Anhange* ausgerüsteten Gebilde werden vom Winde ergriffen und oft weithin verweht.

4. Würden sie Samen durch anhaftende Regentropfen beschwert, so könnte der Wind dem Baume diesen Dienst nicht erweisen: Daher öffnet sich der Zapfen auch nur bei *trockenem Wetter,* und der bereits geöffnete *schließt sich wieder, sobald er befeuchtet wird.* Selbst an entleerten Zapfen ist das noch zu beobachten (Versuch!).

5. Die Samen keimen mit 5 oder 6 nadelförmigen *Keimblättern.*"

5.4.1   Weymouthskiefer (*Pinus strobus* L.)

Bereits der Forstbotaniker Fischbach stufte ihren Wert (im östlichen Nordamerika beheimatet) bereits 1905 wie folgt ein:

„*Forstliches Verhalten:* Sehr raschwüchsig, besonders in der Jugend übertrifft in Dimensionen und Wuchsleistungen die einheimische Kiefer, schützt die Bodenkraft durch dichten Bestandsschluss und bessert sie durch reichlichen Nadelabfall; ist absolut frosthart, sturmfest, verträgt unter allen Kiefern den meisten Schatten und leidet nicht in Schneelagen-

„*Wert:* Hat sich mit den eben erwähnten waldbaulich sehr brauchbaren Eigenschafen das Bürgerrecht in unseren Waldungen schon seit langer Zeit erworben und eignet sich zum Anbau in reinen Beständen als auch in Mischungen. (…)

[Aber:] Das Holz steht dem unserer einheimischen Nadelhölzer im Gebrauchswerte nach; eignet sich nicht als Hoch- und Erdbauholz, sondern wird infolge seiner Leichtigkeit besser als Blindholz in der Möbeltischlerei und zu ähnlichen Zwecken verwendet."

Bis in die 1930er Jahre galt die Weymouthskiefer als forstlich besonders erfolgversprechend; jedoch wurde der Anbau durch den Befall mit *Strobenrost* (Pilz) gestoppt.

Abb. 5.4 Weymouthkiefer (*Pinus strobus*) – Wuchsform, Zweigstück und geöffneter Zapfen. (Nach: „Der Kosmos-Baumführer" bzw. „Lexikon der Baum- und Straucharten")

Charakteristisch ist vor allem die Wuchsform (mit ziemlich starken Ästen) – s. Abb. 5.4 und 5.5.

5.5 Douglasie

Dieser Nadelbaum stammt aus Nordamerika und ist dort vor allem in höheren Lagen entlang des Pazifiks von British Columbia bis Kalifornien und im Inland von Alberta bis Nordmexiko beheimatet, Dort liefert der Baum das wichtigste Nutz- und Konstruktionsholz. Die ersten Samen kamen um 1828 durch den schottischen Forscher David Douglas nach England und seit etwa 1880 wird diese Baumart auch in Deutschland unter dem Namen *Douglasie* angebaut. Als „falscher Hemlock" (*Pseudotsuga*) wird die Douglasie einer eigenen Familie innerhalb der Gattung *Pinaceae* zugeordnet. Darüber hinaus werden Douglasien in verschiedenen Rassen unterschieden, von denen die Grüne Küstendouglasie (*P. menziesii*), auch Douglasfichte genannt, die in Europa bedeutendste Douglasie ist.

Botanische Merkmale

- *Wuchsform:* regelmäßig aufgebaute, kegelförmige Krone, bis 50 m hoch (erinnerte an die Weißtanne)
- *Knospen:* groß, sehr spitz, kastanienbraun, spindelförmig

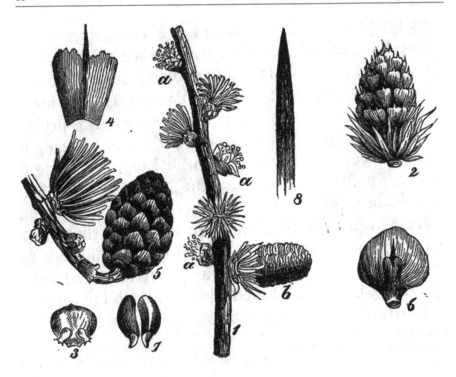

Abb. 5.5 Lärche 1: Blütenzweig (a männl., b weibl. Blüte), 2: weibl. Blüte, 3: Karpell (Fruchtblatt) mit Samenknospen, 4: zugehöriges Deckblatt, 5: reifer Zapfen, 6: Zapfenschuppe (mit
Deckblatt), 7: beide Samen einer Schuppe, 8: Blatte einer Keimpflanze (Fischbach Abb. 5.3)

- *Nadeln:* graugrün bis bläulich grün, 2–3,5 cm lang, linealisch, stumpf, unterseits zwei deutliche Längsstreifen (im Vergleich zur Weißtanne weich)
- *Zapfen:* männl. in Nadelachsen vorjähriger Triebe, weibl. endständig, länglich-
  eiförmig, hängend, mit runden Samenschuppen u. lang heraushängenden Deckschuppen mit drei Spitzen
- *Rinde:* in der Jugend mit Harzbeulen, im Alter dick, dunkelbraun, stark rissige
  Borke
- *Holz:* Splint- und Kernholz deutlich unterschiedlich – gelblich bis rötlichweiß
  bzw. gelblichbraun bis rötlichgelb (nachdunkelnd bis braun- oder dunkelrot);
  mittelschwer (ähnelt dem Kiefernholz); Verwendung als Bau- und Konstruktionsholz, im Wasserbau, für Parkett, Treppen, Fußböden, Faserplatten und Sperrholz.

5.6   Lärche (*Larix decidua;* europäische Lärche: *Larix europaea*)

Sie zählt ebenfalls zu den Kieferngewächsen. Ihre botanischen Merkmale werden
(Forstbotanik 1905) wie folgt beschrieben:

„Das männliche Kätzchen ist kugelförmig, gelb und erscheint im April aus blattlosen Knospen, während die weibliche Blüte von einem grünen Blätterkranz eingehüllt ist. Ihre schöne rote Farbe verdankt sie einzig den Deckblättern, da die Karpelle wie bei der Weißtanne zur Blütezeit noch klein und unsichtbar sind. Beide Arten von Blüten stehen an der Seite zwei- bis dreijähriger Zweige. Bei der ferneren Entwickelung des Zapfens wachsen die Deckblätter nicht mehr fort, so daß sie allmählich von den Schuppen bedeckt werden und zur Reifezeit im Herbst desselben Jahres höchstens noch ihre Spitzen sichtbar sind. Der Zapfen ist eiförmig, nicht über 4 cm lang und bleibt mehrere Jahre am Baum hängen. Die Samen sind klein, die Flügel gedrungen, die Nadel sommergrün."

Die Lärche ist der einzige Nadelbaum, der seine Nadeln im Herbst abwirft, wobei sie sich von grün nach gelb verfärben.

Georg Suckow beginnt in seiner Oekomischen Botanik unter „Lerchenbaum" mit einer ausführlichen Beschreibung der Nadeln und Zapfen sowie auch des Holzes:

„Die Nadeln stehen fast zu ein paar Dutzend in Büscheln rund um die Zweige herum, sind zugespitzt und fallen gegen den Winter ab. Die Zapfen sind länglich und wachsen an gebogenen Stielen gerade in die Höhe; sie haben eirunde etwas raue Schuppen, welche am Rande zerrissen sind, und jede von ihnen zwei geflügelte Samenkörner enthält.

(…) Seine Rinde, ist stark, dick, braunrot, und hat viele Risse. Der Wuchs ist gerade und geschwind; die Äste hängen übereinander hin, und beugen sich gegen die Erde. Das Holz ist braunrot niemals weiß, und dauert lange in der Erde, im Wasser und in der Luft aus, wird auch seines häufigen Harzes wegen nicht leicht von Würmern angegriffen. Man nutzt die großen Stämme zu Masten beim Schiffbau, und ziehen es die Genfer dazu allem übrigen Holze vor. Die Balken tragen nach neuern Erfahrungen zehnmal mehr als die von Eichen; sonst wird es auch noch zu Sparren, Säulen, Mühlwellen, Wasserröhren gebraucht. Im Wasser dauert es länger als bloß in der freien Luft, und nach Gmelins Berichte erhält es darin eine fast steinartige Härte. Es ist daher zu Salzwerken, zum Gruben- und Mühlenbaue von beträchtlichem Vorzug, nur Muss man beim Auszimmern der Schächte und Stollen die Rinde davon abschälen. In Siberien [Sibirien] und in der Schweiz macht man Bier- und Weinfässer daraus; auch kann das Holz zu Brettern geschnitten und zu Schreinerarbeit verwendet werden, wenn hierzu die Stämme nicht zu voll von Harz sind; zu dauerhaften Schindeln pflegt es gleichfalls benutzt zu werden. Die Kohlen sind schwerer als die von den Fichten und Kiefern, und geben auch ein stärkeres Feuer als diese.

Aus dem Harze des Lerchenbaumes wird die ächte venetianische Terpentin durch Anzapfen der Stämme gewonnen; (…)."

Zum HOLZ:

Kern- und Splintholz sind unterschiedlich in der Farbe. Das schmale Splintholz ist hellgelb bis rötlichgelb, das frische Kernholz rötlichbraun bis leuchtend rot, später goldbraun, gefärbt.

Zu erkennen ist auch eine deutlich gestreifte bzw. gefläderte Struktur. Die Lärche liefert das schwerste und härteste einheimische Nadelholz, das zugleich sehr harzhaltig ist. Es wird als Rundholz, Schnittholz und Messerfurnier gehandelt und vielseitig u. a. für Decken, Fußböden, Treppen, Fenster, Türen, Boots- und Schiffbau sowie Brückenbau verwendet.

Vom Baum-Herbarium zu Xylothek

6

Inhaltsverzeichnis

6.1 Aus der Geschichte der Xylotheken

Die ausführlichste und umfassendste sowie auch aktuellste Darstellung über *Alte Holzsammlungen* wurde vom Landkreis Ebersberg in der Reihe „Geschichte und Gegenwart" Band 8 „Alte Holzsammlungen. Die Ebersberger Holzbibliothek: Vorgänger, Vorbilder und Nachfolger" herausgegeben und von *Anne Feuchter-Schawelka, Winfried Freitag und Dietger Grosser* 2001 verfasst – mit zahlreichen, auch farbigen Abbildungen.

Im Folgenden werden daher vor allem die Xylotheken näher beschrieben, die der Autor selbst gesehen und worüber er in einigen Fällen auch früher schon publiziert hat.

G. Schwedt, *Forstbotanik*, https://doi.org/10.1007/978-3-662-63407-3_6

6.1.1 Der Enzyklopädist KRÜNITZ über das *Holz-Cabinet* 1781

Johann Georg Krünitz (1728–1796), Arzt, Naturwissenschaftler, Lexikograph und Enzyklopädist, beschrieb in seiner *Oeconomisch-technologischen Encyklopädie* 1781 erstmals ausführlich die Zusammensetzung und Aufgabe einer Holzsammlung, eines *Holz-Cabinets* und bezieht sich auf den Forstrat von Burgsdorf(f).

Krünitz, Sohn eines Berliner Kaufmannes, hatte ab 1747 in Halle, Göttingen und Frankfurt/Oder Medizin und Naturwissenschaften studiert und 1749 promoviert. Zunächst war er als Arzt tätig, von 1759 bis 1776 in Berlin. Danach widmete er sich nur noch seiner Enzyklopädie, die er bis zum Stichwort *Leiche* im 73. Bande selbst schuf, als er am 20. Dezember 1796 starb (Abb. 6.1).

Er kannte offensichtlich den im folgenden Text genannten Forstrat von Burgsdorf(f) persönlich.

Friedrich August Ludwig von BURGSDORFF (1747–1802) war Botaniker und Forstwissenschaftler (s. auch in Kap. 2), königlich-preußischer Oberforstmeister der Kurmark Brandenburg und geheimer Forstrat. 1780 veröffentlichte er seine *Beyträge zur Erweiterung der Forstwissenschaft durch Bekanntmachung eines Holz-Taxations-Instrumentes und dessen leichten vielfachen Gebrauchs* (im Titel als *Königl. Preuß. Forstrath der Mittel- und Uckermark*), erschienen bei George Jacob Decker in Berlin und Leipzig.

In einer Aufstellung der Museen, die Holzbibliotheken von verschiedenen Autoren noch heute besitzen, ist sein Name nicht zu finden.

In der ausführlichen Beschreibung von Krünitz sind vor allem alle Bestandteile genannt, die in einem solchen *Holz-Cabinet* enthalten sein sollten.

(Oekonomische Encyclopädie 24. Teil)

„ Um zu einer genauen und praktischen Kenntnis der Bäume und Sträucher, oder wahres Holz in Wurzeln, Stamme und Zweigen enthaltenden Gewächse, zu gelangen, dem ungetreuen Gedächtnisse bei jeder Gelegenheit und in jeder Jahreszeit zu Hülfe zu kommen und Vergleichungen anstellen zu können dient eine wohl angelegte Sammlung solcher Stücke, welche wesentliche Kenn= und Unterscheidungszeichen der Holzarten und ihrer Theile auf immer abgeben, und nicht nur überhaupt eine sinnliche, sondern zugleich auch systematische Holzkenntnis gewähren. Eine solche *Holzsammlung* ist entweder eine lebendige oder tote. Die *lebendige Holzsammlung* besteht in allem demjenigen überhaupt, was sich unsern Sinnen aus dem Begriffe eines Waldes oder einer Heide, in natura, nach verschiedenen Boden, Witterung und Jahreszeit darstellt. Da aber diese nur einzelne, und gemeiniglich nur auf wenige Holzarten eingeschränkte Kenntnisse verschaffet, und mithin nicht das so nötige Mittel, von dem Besondern auf das Allgemeine, oder von dem Allgemeinen auf das Besondere zu schließen, gewähret: so dient hierzu noch besonders teils eine Samenschule, teils eine Pflanzung, welche beiderseits die Erziehung aller zu erlangen nur möglichen Holzarten zum Gegenstande haben. So man die reichste und vollständigste lebendige Holz=Sammlung oder Pflanzschule in der Churmark, bei dem Hrn. Forstrate von Burgsdorf antrifft: so hat man bei eben Demselben auch die instruktivste *tote Holzsammlung*, oder *Holz=Cabinet*, welches von der vorzüglichsten Geschicklichkeit und unermüdeten Forschbegierde dieses meiner Hochachtung und Werthschätzung würdigsten Freundes einen neuen Beweis abgibt, und als ein

Muster aller solcher Sammlungen dienen kann, zu sehen das Vergnügen. Es enthält dieselbe: 1) die aus dem Samen keimenden Holzpflänzchen, nach ihren Entwickelungen, Verstärkungen, innern und äußern Zufällen an Wurzel, Stamm und übrigen Teilen, bis nach gleichsam überstandenen Kinderkrankheiten, oder, bis die Pflanzen, ihrer zunehmenden Größe wegen, aufgetrocknet, in einer toten Sammlung nicht füglich mehr Platz haben würden. 2) Die Hölzer selbst, als das vornehmste Produkt der Förster, in geviertheilten, oder nach Beschaffenheit der Stärke noch mehr gespaltenen kurzen Klötzchen, woran die äußere Rinde, die Safthaut, der Splint, das reife Holz und der Kern, zu sehen sind, und zwar auf der einen Seite gehobelt und poliert, auf der andern aber, um die Fibern besser betrachten zu können, ohne alle Bearbeitung. Die eine horizontale Fläche des Klötzchens ist poliert, um die Struktur des Holzes in den Jahresringen zu erkennen, welches zugleich das Mittel zur deutlichsten Wahrnehmung der Röhren, und zugleich der mehreren oder mindern Festigkeit des Holzes, abgibt. Die andere horizontale Fläche des Klötzchens, oder das so genannte *Herrenholz*, bleibt rau, wie es die Säge gewöhnlich lässt. 3) Die Blätter, als wesentliche Sommer=Kennzeichen der Geschlechter und Arten, gepresst aufgetrocknet, und sowohl nach der untern als oberen Fläche, nebst den Stielen auf weißem Papier befestigt. 4) Die Blüten, ganz, und stückweise nach ihren einzelnen Teilen. 5) Die Früchte oder Samenbehältnisse getrocknet, und auf Tafeln aufgesetzt. 6) Die einzelnen reinen Samen, in Schachteln oder Gläsern. 7) Die im Winter gesammelten Zweige ohne Laub, oder mit den Knospen und Augen, deren Sitz und Gestalt wesentliche Geschlechts=Unterscheidungs=Zeichen abgeben. 8) Einzelne, teils inn=teils äußere Zufälle und Naturgegebenheiten an den Bäumen und Sträuchern, um den Ursachen und Kräften nachspüren, und von Zeit zu Zeit immer gründlicher von Dingen urteilen zu können, die, ob sie uns gleich oft vor Augen liegen, dennoch, aus Mangel hinlänglicher Beobachtung, noch nicht so klar und deutlich erwiesen sind, als es wohl sein sollte, um allen möglichen Vorteil aus dem Gewächsreiche zu ziehen."

Zum Forstrat von Burgsdorf:

„Die reichste und vollständigste Pflanzschule, worauf die Churmark mit Recht stolz sein kann, ist wohl unstreitig diejenige, welche der vom edlen Patriotismus beseelte Forstrath Hr. v. Burgsdorf unweit Tegel, im Nieder-Barnimschen Kreise, 1 ½ Meile von Berlin, auf eigene Kosten angelegt hat, und mit unermüdeten Sorgfalt unterhält. Ich habe, dieselbe, durch die Güte meines liebreichsten Freundes, zum Öfteren, mit unbeschreiblichem Gewinn für meine forstbotanischen Kenntnisse, zu sehen, das Vergnügen. Sie enthält jetzt schon an 400 Holzarten, wovon der würdige Hr. Forstrath, in Ansehung der ausländischen Arten, theils die Samen, theils die Pflanzen, aus den entferntesten Gegenden und Ländern hat kommen lassen. Der ebenso instruktiven toten Hölzer=Sammlung Desselben werde weiter unten Erwähnung Thun." [s. o.]

Carl Schildbach und seine Beschreibung einer Holz-Bibliothek
nach selbst gewähltem Plan ausgearbeitet von Carl Schildbach zu Cassel.
Gedruckt bei J. F. Estienne 1788.

„In gedrängter Kürze mache ich die Liebhaber der Naturkunde durch dieses, mit dem wahren Zustand meiner Holzbibliothek bekannt; zugleich überreiche ich den Kennern meinen gewählten Plan, und überlasse jedem zu beurteilen, in wie weit meine beendigte Arbeit für Natur-, Forst- und Cameral-Wissenschaft von Nutzen sein könne.
Meine Holz-Bibliothek ist eine Sammlung von mehrenteils deutschen Hölzern, die sich unweit Cassel bei dem Fürstlichen Lust-Schloss Weißenstein in den neuen Anlagen befinden. Außer die welche Roth unter strichen.

Sie besteht aus mehr als achtzig Geschlechtern und dreihundert und vierzig Abarten in Bücher-Format, wobei die Größe und Tiefe des Buchs nach den Blättern, Blumen und Früchten der gewählten Holzart gemäß, eingerichtet ist.

Der Rücken an jedem dieser Bücher zeigt

a) die Schale oder Rinde der Holz-Gattung, woraus das ganze Buche besteht.

b) Ein roter Titel, welcher mit goldenen Lettern nach Linnäischer Ordnung, die Klasse, Geschlecht und speziellen Namen in lateinischer und deutscher Sprache nicht nur angibt, sondern auch die vorzüglichsten Autoren bemerkt. Bei den harzführenden Bäumen

c) ihre Harze die Natur nachahmend angesetzt, und an den gehörigen Orten zu finden. Endlich sitzen unter diesen

d) die Moose, welche auf der Schale oder Rinder entstehen.

Der obere Schnitt des Buches zeigt das quer durchschnittene junge und Mittel-Holz mit seinem Mark und ringförmigen Ansätzen, an welchen man mittelst eines Vergrößerung-Glases die verschiedenen Gefäße der Pflanzen erkennen kann.

Der untere Schnitt des Buchs besteht aus ganz altem Stamm-Holz, quer durchschnitten; der aufmerksame Beobachter sieht hieran ohne viele Mühe, wie das Mark und die Gefäße mehr zusammengedrückt sind, wodurch das Holz seine Härte erlangt hat.

Die obere breite Seite des Buchs lässt sich durch einen Schieber öffnen, und diese obere Seite ist das unreife oder Splint-Holz.

Die untere Seite des Buchs weißt das mittelstämmig Span- oder Spiegel-Holz und lässt den Kenner von dessen Güte und Schönheit urteilen.

Der vordere Schnitt gibt das ganze alte abständige Holz an.

Man findet ferner auf diesem vorderen Schnitt

a) ein Stück poliertes Maser-Holz, unter diesem

b) die Schwamm-Art. Die sich bei der Fäulnis des Holzes ansetzt;

c) einem Kubik Zoll des besten Holzes, welches die drei spezifischen Schweren

1) Beim flüchtigen Saft im Frühjahr

2) Beim reifen Saft im Herbst, und

3) wenn das Holz durch die Länge der Zeit ganz trocken geworden ist, nach medizinischem Gewicht bestimmt.

d) Ist der Grad der Hitze darauf bemerkt, welchen die Flamme eines Kubik-Zoll trockenen

Holzes in dem Raum von einem Kubik-Fuß eisenblechernen Ofen bei temperierter Witterung nach Fahrenheit und Reaumur verursacht.

e) Die verminderte Größe und des Gewichts von einem Kubik-Zoll Holzes, nachdem er gehörig verkohlet worden.

f) den spezifischen Grad der Hitze, den ein Kubik-Zoll glühender Kohle in oben bemerktem Raum genau angibt.

g) Hierunter endlich findet man den bekannten Nutzen der Pflanze, wie auch den Grund und Boden, welchen die Holzart vorzüglich liebt, beschrieben (Abb. 6.2).

Die ganze Naturgeschichte der Pflanze, besonders der feineren Teile, oder der Ernährungs- und Befruchtungs-Werkzeuge ist in dem inneren Raum des Buchs enthalten.

Man sieht auf dem Boden den Samen und dessen Gehäuse nach der gewählten Ordnung des Tourneforts [Joseph Pitton de Tournefort (1656-1708) franz. Botaniker und Forschungsreisender].

Zur rechten Seite steht der Keim mit der Wurzel, Fettblättern, Samenkapsel und beiden ersten Blättchen. In der Mitte sieht man einen Ast von der Pflanze, an welchem man von unten die Trag- und Wasser-Reiß-Knospen, wie sie nach verdünnten Säften treiben, und getrieben habe, dann die verschiedene stufenweise grösser gewordene grüne Blätter, jede Art in ihrer natürlichen Farbe.

Zur Seite gegen den Ast findet man den Monat der Blütezeit, die kleine Blütenknospen stufenweise bis zur Schließung des Fruchtknotens mit Griffel und Staubfäden nach Linnäischer Ordnung; dann die abgeblühten, welk und trocken gewordene Blumen, die

angesetzte kleine Frucht ebenwohl stufenweise von der ersten Entstehung bis zur Vollkommenheit, und endlichem Absterben, wie auch den Monat bemerkt, worinnen die
Frucht zur vollkommenen Reife gelanget.

Auf der linken Seite zeigt sich endlich ein Skelett von einem Blatt.

Die kurze Beschreibung enthält die Eigenschaften meiner Holzbibliothek, der ich
noch hinzufüge, daß sie durch unermüdeten Fleiß, praktisches Forschen und wiederholte
Verbesserung zu einem Grad der Vollkommenheit gebracht ist, in welchem sie sich nun
befindet. Ich erinnere mich bei dieser Gelegenheit vieler Freunde und Kenner, die mir teils
durch ihre Anmerkungen genutzt, und teils ihren schriftlichen Beifall gütigst geschenkt
haben – Ich kann nichts, als ihnen durch dieses öffentlich meine ganze Dankbarkeit zu
erkennen geben."

Es folgt ein Verzeichnis der Holzarten von 1. *Acer tartaricum* (Tatarischer
Steppen-Ahorn) bis 400. *Viburnum tinus* (Lorbeer- oder Mittelmeer Schneeball).

6.1.2 Schildbachs Xylothek im Naturkundemuseum des Ottoneums in Kassel

Das Ottoneum

Landgraf Moritz der Gelehrte (1572 bis 16.329 von Hessen-Kassel baute Kassel,
bis 1926 noch Cassel geschrieben, wie schon sein Vater Wilhelm der Weise
(1532–1592) zu einem sowohl wissenschaftlichen als auch künstlerische Zentrum
im damaligen Deutschland aus. Während seiner Regierungszeit entstand das
Ottoneum als erstes feststehendes Theatergebäude in den Jahren 1603 bis 1606.
Benannt wurde es nach dem ältesten Sohn des Landgrafen. Bereits 1696 ließ
Landgraf Carl das Gebäude von dem hugenottischen Baumeister Paul du Ry zu
einem Kunsthaus für seine Sammlungen umbauen. Nach 1709, als das Collegium
Carolinum als naturwissenschaftlich ausgerichtete Akademie gegründet worden
war, befanden sich im Ottoneum Hörsäle, die Anatomie, ein Mineralienkabinett,
ein Instrumentensaal, eine Uhrenkammer und in einem Kuppeltürmchen die Stern-
warte. Das Portal trägt folgende Inschrift; Collegium Carolinum (zwei spiegelbild-
lich verschlungene C) Carl I. Landgraf zu Hessen (CILZH). Landgraf Carl regierte
von 1670 bis 1730, in seiner Regierungszeit entstanden Schloss und Park Karlsaue
und der Bergpark in Wilhelmshöhe mit dem Herkules-Standbild und den Wasser-
fällen. Von 1779 bis 1883 befand sich die Naturaliensammlung in dem von Landgraf Friedrich II. (regierte von 1760–1785 neu erbauten Museum Friedericianum,
wo sie auch der Bevölkerung zugänglich war. Seit 1844 befindet sich nun das
Naturkundemuseum im Ottoneum. Den Grundstock der Sammlungen bilden die
Naturalienkabinette der bereits genannten Landgrafen Wilhelm der Weise und
Moritz der Gelehrte (Abb. 6.3).

Im Zweiten Weltkrieg wurde das Gebäude, wie viele andere in Kassel, schwer
durch Bomben beschädigt, etwa 50 % der Sammlungen wurden vernichtet. Von
1949 bis 1954 erfolgten der Wiederaufbau und die Restauration der Sammlungen.
Heute befinden sich neben botanischen vor allem geologische Sammlungen im
Ottoneum. Der wohl bekannteste Direktor des Naturalienkabinetts und gleichzeitig
Professor der Naturgeschichte am Collegium Carolinum war der Weltreisende

und Völkerkundler sowie Schriftsteller Georg Forster (1754–1795). Als weitere berühmte Naturwissenschaftler, die in Kassel wirkten, sind folgende zu nennen: Denis Papin (1647–1712), der Erfinder des Dampfkochtopfes mit Sicherheitsventil (Denkmal am Ottoneum und Gedenktafel am Gebäude); Samuel Thomas Sömmering (1755–1830), Gründer des ersten anatomischen Institutes, und der Chemiker Robert Wilhelm Bunsen (1811–1899), Direktor des aus dem Collegium Carolinum hervorgegangenen Polytechnikums.

Die Schildbachsche Xylothek

Die zweite Kostbarkeit der botanischen Abteilung (neben dem „Herbar Ratzinger") stellt die Schildbachsche Holzbibliothek (Xylothek) aus dem 18. Jahrhundert dar; sie besteht aus insgesamt 546 Bänden, von denen ein großer Teil im Ottoneum in einem speziell abgegrenzten Raum aufgestellt ist. Carl Schildbach stand von 1771 bis 1785 in Diensten des Landgrafen Friedrich II. von Hessen-Kassel – als Leiter der Menagerie (des Tierparks) in der Karlsaue. 1786 wurde der Tierpark aufgelöst, danach war Schildbach als Rechnungsführer und Verwalter, später als Ökonomiedirektor auf dem Klostergut Weißenstein tätig, wo der Landgraf einen Naturpark, die heutige Wilhelmshöhe, anlegen ließ. An diesen Park grenzt der Habichtswald, der Schildbach für seine Sammlung heimische Sträucher und Bäume bot.

Die Sammlung wurde von 1771 bis 1799 zusammengetragen; sie enthält heute in 546 Bänden 441 Baum- und Straucharten von 120 verschiedenen Gattungen.

„Die einzelnen Bücher sind als Holzkästchen gebaut und bestehen in allen ihren Teil aus dem Holz der jeweiligen Baum- und Strauchart. Bei Sträuchern wie Heidelbeere, Seidelbast oder Heidekraut sind die Kästchen aus den kleinen Ästen und Stämmen sorgfältig zusammengeleimt. Carl Schildbach arbeitete nach einem feststehenden Plan, um die Gehölze möglichst umfassend darzustellen. Die vordere Buchseite besteht aus Splintholz (junges Holz, enthält die Wasserleitbahnen) und ist durch einen eingenuteten Schiebedeckel zu öffnen. Die hinter Buchseite ist aus Span- oder Spiegelholz (Schnitt senkrecht durch den Stamm, zeigt die dem Kern des Baumes zugewandte Seite). Die obere Buchseite zeigt Astquerschnitte. Aus Hirnholz (Querschnitt durch den Stamm) ist die untere Buchseite gefertigt. Der Buchrücken besteht aus der Rinde samt Algen-, Pilz-, Flechten- und Moosbesuch. Auf jedem Buchrücken klebt ein Schildchen. Der Golddruck auf rotem Papier gibt nach der Ordnung von Linné (schwedischer Naturforscher, 1707-1778) den lateinischen und den deutschen Namen des Baumes oder Strauches an. Die dem Buchrücken gegenüberliegende Seite besteht aus Kernholz. An dieser Seite sind befestigt bzw. vermerkt: ein Stück poliertes Maserholz; die Schwammart, die sich bei Fäulnis des Holzes ansetzt; ein Kubikzoll (1 Zoll = 2,54 cm) Holz mit Angaben über die spezifische Schwere im Frühjahr und Herbst sowie das Trockengewicht; der Grad der Hitze, den die Flamme eines Kubikzolles trockenen Holzes in einem Raum von einem Kubikfuß (1 Fuß = 30,48 cm) verursacht; verminderte Größe und vermindertes Gewicht eines Kubikzolles Holz, das zu Holzkohle umgewandelt wurde; den Grad der Hitze, den ein Kubikzoll glühender Kohle des Holzes in einem Raum von einem Kubikfuß entwickelt; eine Beschreibung der bekannten Nutzungsarten der Pflanze und der Bodenart, den die Holzart bevorzugt. Die Wärmemessungen wurden in einem Eisenblechofen vorgenommen. Der Grad der Hitze ist angegeben in Reaumur und in Fahrenheit. Die Mehrzahl der Bücher hat ein Format von 18x14x4, eine geringe Anzahl ist größer (44x27x8 cm) oder kleiner (10x5x3 cm)" (M.-L. Beumler)

Carl Schildbach (1730–1817) vermachte am 28. Dezember 1798 in einem Schreiben seine Xylothek dem Landgrafen Wilhelm IX. von Hessen-Kassel (1743–1821):

„Die sich immer vermehrenden Zerrüttungen meiner Gesundheit und das herannahende hohe Alter veranlassen mich, Gegenwärtiges, mein Kunst- und Naturalienkabinett betreffend, Ew. Hochfürstlichen Durchlaucht in tiefster Unterthänigkeit zu Füßen zu legen. Es war keine gemeine Habsucht oder Eigennützigkeit, welche mich dies große Werk zusammen arbeiten ließ, sondern die Liebe zu den Künsten und Wissenschaften, wie auch der Wunsch, meinen Nebenmenschen nützlich zu werden; besonders aber hat mich der Gedanke bei so großen Aufopferungen immer angefeuert und aufrecht erhalten, mir in meinem zweiten Vaterlande, in Hessen, nach dem Tode ein Andenken zu stiften. Der Zeitpunkt hat sich genähert, wo ich an die Erstellung dieses Wunsches denken muß, daher biete ich Ew. Hochfürstl. Durchlaucht mein Kunst- und Naturalien-Kabinet ganz ohne Kaufgeld jedoch mit der gewiß sehr billigen Bedingung unterthänigst an, mir dafür all-jährliche Leibrente von ‚Einhundert pistolen' allergnädigst zusichern zu lassen. Es wurde alsdann meine durch höchste Gnade jetzt genießende Besoldung erspart und ich wäre nicht genöthigt, höchstdenselben in den letzten Tagen meines Lebens mit einer Pension beschwerlich zu fallen."

Obwohl der französische Botaniker Buffon (seit 1739 Direktor des Pariser Botanischen Gartens) um Schildbach geworben und die Zarin Katharina II. von Rußland ihm 2000 Taler für seine Xylothek geboten hatte, erhielt Schildbach erst nach langen Verhandlungen eine jährliche Leibrente von 450 Talern – im Wert weniger als er „gefordert" hatte.

„Nach nunmehr fast 200 Jahren stehen Laie wie Fachmann staunend vor dieser ebenso ansprechenden wie reichhaltigen Sammlung, die heute wie damals einen Anziehungs-punkt für Wissenschaftler aus aller Welt darstellt. Erst 1956 entdeckte ein holländischer Botaniker darin das Typusexemplar (Originalstück, nach welchem die wissenschaftliche Artdiagnose erstellt wurde) der Kanadischen Pappel (*Populus canadensis*). Und gegen-wärtig dient sie als Grundstock für ein großangelegtes Beobachtungsprogramm des Natur-kundemuseums zur Umweltverarmung im Kasseler Raum: Aufgrund der minutiösen Standortangaben Schildbachs läßt sich nämlich zweifelsfrei rekonstruieren, welche Borkenbewohner (Epiphyten) in den letzten 200 Jahren im Gebiet ausgestorben sind – ein weitere Beweis für die hohe praktische und wissenschaftliche Bedeutung der Pflege historischen Museumsguts!" (G.Follmann/C.Hartmann) (Abb. 6.4)

6.1.3 Candid Huber und seine Xylotheken

Die Sammlung im Museum Wald und Umwelt in Ebersberg, dem Geburtsort von Huber, besitzt eine authentische Xylothek von ihm mit 150 Bänden.

Ich berichtete 1987 über Candid Huber wie folgt:

„Wie Bücher aufgebaut, enthalten die botanischen Sammlungen des Benediktinermönches Candid Huber aus dem bayerischen Ebersberg (bei München) Blätter oder Nadeln, Holz und Früchte, Blütenstaub und Rinde von Bäumen und Sträuchern ebenso wie auf Moos gebettete Wurzelenden oder Holzspäne und im Buchrücken einzelne Samen. Die „Bücher aus Holz" bestehen aus einem aufklappbaren Holzkasten, im Original meist 13x9x5 cm groß, aus dem Holz des Baumes, von dem sich im Inneren die zuvor genannten Teile befinden. Der Buchrücken ist dann aus der Rinde des entsprechenden Baumes hergestellt, bei Sträuchern besteht er aus gespaltenen, miteinander verklebten Zweigen. Weiterhin enthalten alle „Bücher" einen mehr oder weniger ausführlichen Begleittext".

Candid Huber: Pfarrer und Botaniker

Als Sohn eines Mehlhändlers ist Candid Huber (1747–1813) 1768 in den Benediktinerorden eingetreten und wurde 1772 bereits zum Priester geweiht. 1785 ist er als Pfarrvikar in seiner Heimatstadt Ebersberg/Oberbayern (östlich von München) tätig – mit der zusätzlichen Aufgabe, die Waldungen des dortigen Klosters zu verwalten. Bereits während seiner Tätigkeit als Hilfspriester in der Pfarrei Regen am Bayerischen Wald soll er sich in seiner Freizeit fast ausschließlich mit der Botanik beschäftigt haben, in einer Zeit, in der die Wälder gerade vom Nonnenfraß befallen waren. Vielleicht war dies der Anlass für Huber, sich umfassend und auf eine besondere Weise mit Bäumen und Sträuchern zu beschäftigen. Zunehmendes naturwissenschaftliches Interesse des ausgehenden 18. Jahrhunderts und auch wirtschaftliche Aspekte werden möglicherweise zusammen eine Rolle gespielt haben.

Zu Beginn der neunziger Jahre des 18. Jahrhunderts beginnt Huber seine botanischen Bibliotheken zu verkaufen, wobei er den Käufern den Rat gibt, „... *daß die Bretterchen, worauf die Bücher zu stehen kommen, mit vielen Löchern durchbohrt würden; dann könnte unterwärts etwas von Campher angebracht werden, das mit seinem flüchtigen Wesen allzeit aufwärts steigt und also die schädlichen Insekten merklich verhindert...".*

1791 bietet Huber seine Holzbibliothek (Xylothek) aus 100 verschiedenen Holzarten dem Münchner Buchhändler Lentner an – zu einem Preis von 50 Gulden, etwa dem halben Jahreslohn eines Handwerkers in dieser Zeit. Die Nachfrage scheint groß gewesen zu sein, sodass Huber voll beschäftigt ist und auch zu hören bekommt: „Woher hat ein Landpfarrer den Beruf zu dergleichen Dingen? Diesen Vorwurf musste ich schon oft dulden…" Die Holzbücher Hubers werden in Fachzeitschriften besprochen, wo auch ein Begleittext gefordert wird, den Huber als „Kurzgefaßte Naturgeschichte der vorzüglichsten baierischen Holzarten nach ihrem verschiedenen Gebrauche in der Landwirthschaft bey Gewerbe und in Offizinen" liefert. Der Pater Candid Huber wird außerordentliches Mitglied der bayerischen Akademie der Wissenschaften und 1799 zur Bewirtschaftung der 7000 Hektar großen Waldungen in das Kloster Niederaltaich berufen. Im Vorderen Bayerischen Wald bewohnt er die einsam gelegene Klosterschwaige (Sennhütte) Russel. 1804 wird das Kloster im Zuge der Säkularisation aufgelöst und Huber kann sich ganz der Herstellung von Xylotheken widmen:

„Nachdem mir gestattet wurde, in Niederviehbach meinen Aufenthalt nehmen zu dürfen, habe ich dasselbst eine Baumschule von 1500 Stämmen mit Unterstützung von Herrn Administrator und Landökonom Streber angelegt…"

Die letzten Jahre bis zu seinem Tode im Juni 1813 hält sich Huber dann im Jagdschloss Stallwang des Grafen von Törring-Jettenbach auf. Hier begegnet er dem romantischen Dichter Clemens von Brentano und auch dem Rechtsgelehrten und späteren preußischen Minister Savigny. Beide – und auch der Dichter Achim von Arnim – helfen Huber bei der Anlage der Holzbücher. Bei beiden Dichtern sind auch erste Ansätze eines Naturschutzgedankens zu finden."

Hier noch einige Ergänzungen zur Biografie von Candid Huber:

Er wurde am 4. Februar 1747 geboren, war als Jesuitenzögling Schüler des Jesuitengymnasiums München (heute Wilhelmsgymnasium) und zugleich Seminarist an der Domina Gregoriana, einer Wittelsbacher Stiftung und eines kurfürstlichen Seminars (als Internat des Gymnasiums). Nach der Reifeprüfung 1765 studierte er Musik (und Theologie) bei den Jesuiten in Passau, war nach dem Eintritt in den Benediktinerorden von Niederaltaich 1768 (Priesterweihe 1772) 1784 Pfarrvikar in Oberndorf, von 1785 bis 1799 Vikar in Ebersberg (als Waldmeister auf der Rusel) und bis 1803 Verwalter des Leopoldswaldes vom Kloster Niederaltaich.

Bereits in den Anfangsjahren seiner Tätigkeit als Vikar führte Huber Studien über Wald- Obstgehölze durch, legte Alleen an, pflanzte Obstbäume, züchtete auch Seidenraupen – d. h. er war zugleich Priester, Seelsorger, Ökonom und Forstwirt.

Die heutige Abtei Niederaltaich wurde vom Bayernherzog Odilo (gest. 748) um 740 gegründet und die dortigen Mönche begannen mit ihrer Kultivierungsarbeit in den Bayer- und Böhmerwald. Unter Karl dem Großen dehnte sich der Besitz des Klosters um 800 bis in die Wachau aus; 857 erhielt es die Reichsunmittelbarkeit, die 1152 durch die Vergabe des Klosters als Lehen an das Bamberger Bistum jedoch wieder verloren ging. Acht Jahrhundert erlebte das Kloster in der Nähe von Deggendorf eine wechselvolle Geschichte – u. a. mit bedeutenden Äbten wie dem Geschichtsschreiber Abt Hermann (1242–1273) und den Reformäbten Kilian Weybeck (1503–1534) und Paulus Gmainer (1550–1585; mit bedeutender Schreibschule – und auch Verwüstungen durch Kriege, Feuer und Überschwemmungen der Donau. 1803 wurde das Kloster säkularisiert. Ein Kirchenbrand durch Blitzschlag 1813 führte zum Abbruch großer Teile der barocken Klosteranlage. Erst 1918 konnte das Kloster (als Benediktinerabtei St.Mauritius) von Mönchen der Abtei Metten mithilfe des Vermächtnisses des Religionsprofessors Franz Xaver Knabenbauer († 1908) wieder besiedelt werden.

(Die ausführlichste Würdigung – „eine Reminiszenz" – des Candidus Huber stammt von Karl Günther Dengler – s. Literaturverzeichnis).

1791 verfasste Huber selbst seine *Ankündigung einer natürlichen Holz-Bibliothek* (Verlagsort Ebersberg) und schrieb einleitend:

„Da heut zu Tage die Botanik, besonders Forstbotanik, teils wegen der angenehmen Naturkunde, größtenteils aber wegen der ökonomischen Nutzanwendung fast zum allgemeinen Lieblingsstudium geworden ist, so wird man es einem Manne, welchem zwar die Forstbotanik nur ein Nebengeschäft ist, dem aber diese Wissenschaft bay. einer vieljährigen Naturforschung sehr nahe am Herzen liegt, keineswegs verargen können, wenn er zum Behufe der angehenden Forstbotaniker, oder auch zur Zierde der Naturalienkabinette einen Beitrag liefert, der jedem Naturforscher und Liebhaber des Nützlichen willkommen sehn Muss. Ich habe zwar bisher verschiedene Holzsammlungen gesehen, z. B. eine Art von Schubläden, worin Laub und Samen enthalten waren: schön gehobelte Holzplatten mit dem Namen der Holzart u. s. w. Aber in Form natürlicher Bücher, die man eben so, wie andere Bücher eröffnen und schließen kann, und die gleich einer Bibliothek in einem Naturalienkabinette, oder sonst in einem Schranke aufgestellt werden können, habe ich sie weder gesehen, noch davon gehört, oder gelesen. Um nun Liebhabern der Forstbotanik, und den Vorstehern der Naturalienkabinette etwas nützliches und erwünschtes in die Hände zu liefern, du hauptsächlich auch, um in unserm Vaterlande zur Verbreitung der so nötigen, und doch fast durchgehend fehlenden wissenschaftlichen Kenntnisse unserer einheimischen Holzarten etwas beizutragen, kündige ich eine ganz neue, natürliche Holz-Bibliothek auf Subskription an.

Es folgte eine Beschreibung – der erste Satz lautet:

Diese Bibliothek besteht aus 100 Bänden meistens von einheimischen wilden Holzarten, in welchen Holz, Blühte, Laub, Winterzweige, und Samen jedesmal nach seiner Art enthalten sind. (…)"

Das von ihm genannte Buch Hubers trägt folgenden Titel:

„Vollständige Naturgeschichte aller in Deutschland einheimischen und einiger nationalisierten Bau- und Baumhölzer in besonderer Hinsicht auf die Feinde und Hindernisse ihres Wachstumes durchgehend nach den bewährtesten Grundsätzen der neuern Kultur und Technologie nebst einem Nachtrage über das Kohlenwesen und mehrere auf den Blättern vorkommende Gewächse von Kandid Huber, der königlich-baierischen Akademie in München, dann der botanischen Gesellschaft in Regenburg Mitglied, und ehemaligem Waldmeister auf der Riese in Niederbaiern, der Zeit zu Niederviehtach.

in II. Bänden zum bequemen Gebrauche aller Naturfreunde, besonders der Waldeigentümer, Förster und Forstschüler, größtenteils in tabellarischer Form bearbeitet, auch mit desselben praktisch und anschaulich belehrenden Holzbänden, oder auch ohne diese, oder nach Belieben nur mit einigen wenigen zu haben.

I. Band. München 1808. Im königl. baierischen deutschen Schulbücher-Hauptverlage auf dem Rindermarkte."

Huber schrieb dann, dass er das System *des H. von Burgsdorf* (s. o.) bei der Einteilung der Holzarten angewendet habe und zur Zielsetzung der Schrift heißt es:

„Die eigentliche Absicht dieser Schrift geht dahin, Waldeigentümern, Forstmännern und selbst Lehrern und Schülern der Naturgeschichte ein Buch in die Hände zu liefern, worin sie alle Gegenstände und Zweige der Forstwirtschaft, oder so zu sagen, den Kern und die gründlichsten Kenntnisse alles Nützlich- und Schädlichen, das sie sonst in vielen und kostspieligen Werken zerstreut suchen müssten, zur wesentlichen Übersicht beisammen haben."

Hubers Sammlung im Museum *Wald und Umwelt* in Ebersberg

Ebersberg ist die Heimat von Candid Huber. Das Benediktinerkoster Ebersberg wurde 934 von den Grafen zu Sempt-Ebersberg (Burg Ebersberg – eine ehemalige Höhenburg an der Stelle der heutigen Klosterkirche St. Sebastian) gegründet. 1595 wurde das Benediktinerkloster von Papst Clemens VIII. n und den Jesuiten übergeben. 1773 übernahm der Malteserorden die Gebäude. 1808 wurde das Kloster aufgelöst, die Gebäude gingen in staatlichen oder privaten Besitz über. Das heutige Rathaus am Marienplatz befindet sich in der früheren Klostertaverne.

Die Stadt liegt am Übergang des hügeligen Alpenvorlandes zur sogenannten Münchner Schottereben, etwa 30 km östlich von München und in der gleichen Entfernung nördlich von Rosenheim.

Am Rande des Ebersberger Forstes auf der sogenannten Ludwigshöhe befindet sich als naturkundliche Bildungsstätte der Stadt Ebersberg das *Museum Wald und Umwelt.*

Das Museum widmet sich auf einer Fläche von etwa 300 qm historischen und ökologischen Aspekten der Waldnutzung. Ein Teil des Museumsgebäudes ist das *Jägerhäusl,* das ursprünglich ein sogenannter Einfirsthof von 1740 in der Nachbargemeinde Kirchseeon gewesen ist. Die dem Museum angeschlossene Umweltstation erfüllt einen pädagogischen Auftrag der Umweltbildung erfüllt – mit Themenpfaden im Außengelände, die über die biologische Vielfalt informieren. Im Dezember 2019 beschädigte ein Feuer sowohl Alt- und Neubau schwer – der Dachstuhl wurde zerstört, die Exponate jedoch konnten gerettet werden.

Die Webseite des Museums informiert auch umfassend über Candid Huber und seine Xylothek. Einleitend ist zu lesen:

> „Als Candid Huber am 15. Juni 1813 starb, war er seit zehn Jahren heimatlos – ‚exul per decem annos‘, so die Worte seiner selbstverfassten Grabinschrift in Frauenberg bei Landshut. Die Säkularisation hatte ihm den Abschied vom Klosterleben aufgezwungen – eine Zäsur, die er nie verwinden konnte.“

Im Titel seiner oben zitierten Schrift einer „vollständigen Naturgeschichte" ist *Niederviehbach* (Gemeinde im niederbayerischen Landkreis Dingolfing-Landau mit Kloster) als vorletzter Aufenthaltsort angegeben, nachdem er das Amt als Waldmeister seines Klosters in Rusel 1804 infolge der Säkularisation verloren hatte.

Als Einsiedler von Stallwang starb Huber und sein Freund Johann Michael von Sailer (1751–1832, ab 1800 Professor der Theologie in Landshut) hielt die Grabrede. Zur Beisetzung hatte man jedoch die Bestellung eines Sarges vergessen, was von Franz von P. Schrank wie folgt gedeutet wurde:

„Es war, als hätten sich die Bäume des Waldes geweigert, für den, der für sie lebte und schrieb, die nötigen Bretter zu liefern."

An der Kirche in *Frauenberg* erinnerte eine schlichte Tafel an den botanisierenden Mönch, der von seinen Zeitgenossen *Holzherrle* genannt wurde.

Museen mit Candid Hubers Sammlungen in Deutschland, Österreich und der Schweiz
(nach K. G. Dengler 2012, aktualisiert 2020).

Deutschland

- 150 Bände: Museum Wald und Umwelt, Ludwigshöhe 2, 85560Ebersberg
- 141 Bände: Museum Benediktinerkloster Neresheim 12, 73.450 Neresheim
- 115 Bände: Naturkundemuseum Ostbayern, Am Prebrunntor 4, 93.047 Regensburg
- 39 Bände: Stadt- und Kreismuseum Landshut LandsHut Museum, Alter Franziskanerplatz 483, 84.028 Landshut

Österreich
komplette Sammlungen:

- Haus der Natur, Museum für Natur und Technik, Museumsplatz 5, A-5020 Salzburg
- 130 Bände in der Stiftsbibliothek: Zisterzienserstift Lilienfeld, Klosterrotte 1, A-3180 Lilienfeld

Schweiz

- 139 Bände: Naturkundemuseum Thurgau, Freie Strasse 24, CH-8510 Frauenfeld
- 93 Bände: Naturmuseum (im Kunstmuseum), Museumsstrasse 52, CH-8400 Winterthur

6.1.4   Carl von Hinterlang und die *Deutsche Holzbibliothek*

Nach einer neueren Publikation (Bettina Vaupel: „Die Holzbibliothek auf Burg Guttenberg. Der Wald im Kasten", Monumente Aug. 2012) soll der Urheber der Xylothek in der Burg Guttenberg nicht Candid Huber sondern Carl von HINTERLANG gewesen sein. Auch Karl Dengler vermerkt in seiner „Liste zu den heute noch erhaltenen Holzbibliotheken..." (in Candid Huber – Eine Reminiszenz 2012) Hinterlang als Urheber der Xylothek in der Burg Guttenberg und für Hohenheim Hinterlang und Schlümbach.

Anschließend an diesen 1987 veröffentlichten Bericht des Autors sollen zunächst einige Diese Angaben gehen aus der ausführlichen Veröffentlichung von M. u. H. Rahmann et al. in „Hohenheimer Themen" (1992) hervor. Die Autoren haben sich darin vorrangig mit den bereits erwähnten unterschiedlichen Handschriften der Begleittexte beschäftigt.

Hinrich Rahmann (geb. 1935) war von 1977 bis 2001 Direktor des Zoologischen Instituts in Hohenheim, seine Ehefrau Mathilde Rahmann (geb. 1939) ist eine promovierte Zoologin. Das Ehepaar führte nicht nur gemeinsame Forschungen u. a. über Auswirkungen geplanter Deichbaumaßnahmen auf Flora und Fauna (zwischen Neuharlingersiel und Harelsiel) durch, sondern beispielsweise auch zur Dechiffrierung der sogenannten *Himmelsscheibe von Nebra* (2008).

Die Landesstelle für Museumsbetreuung in Baden- Württemberg stellt im September 2014 als „Objekt des Monats" unter der Überschrift „Karl von Hinterlang: Holzbibliothek in 93 Bänden" die Xylothek im Burgmuseum Guttenberg vor.

Darin ist u. a. zu lesen:

„Im Intelligenz-Blatt des Journals des Luxus und der Moden erschien im Februar 1799 [XXVI-XXVII] ein Inserat des Nürnberger Verlegers Georg Hieronymus Bestelmeyer mit der Ankündigung einer achtzigbändigen ‚Deutschen Holz-Bibliothek': ‚Am Rücken jeden dergleichen Exemplars', hieß es dort, ,zeiget sich die Rinde, worauf sich der Deutsche sowohl als auch der Linneische Name des Holzes nach Art der Bücher abgedruckt befindet; dann folgen weiter unten die Haar Moose, Moose am Grund mit Lichen überzogen, dann Astmoose, dann die verschiedenen Schimmel- und Flechten-Arten, an beiden Außenseiten sieht man den Hobel, den feinen und rauen Sägeschnitt.

Jedes Buch öffnet sich, und enthält die Blühten, Zweige, Blätter oder Nadeln, die 1-2 und 5jährigen Pflanzen, das Harz, den Holzschwamm, die durchlöcherten Missgewachsen, den Samen samt einer in einer besonderen Kapsel sich befindlichen vaterländischen Holzgeschichte, oder Beschreibung, dann endlich noch die auf diesem Holze sich aufhaltenden oder nährenden Insekten, so wie auch unsere deutschen Eidechsen, Frösche, Kröten, Schlangen, Feuer- und Wasser-Salamanderarten, und mehrere Gattungen von ausgebalgten Raupen etc. jedes einzelne dieser Exemplare ist auf obbesagte Weise eingerichtet, und gegen alle Schädlichkeit wohl konserviert, und von einem in der Naturlehre und praktischen Forstwissenschaft sehr erfahrenen Manne verfertigt.'

Ein wenig bizarr wirkt diese Beschreibung, mit der das umfangreiche Werk für Förster und Lehrer, aber auch ,Liebhaber der Forstwissenschaft und Ökonomie' angepriesen wurde. Karl von Hinterlang, Professor der Naturkunde, Botanik und höheren Forstwissenschaft in Linz, gilt als Verfasser und Verfertiger der enzyklopädisch angelegten Holz-Bibliothek aus Nürnberg."

Soweit der Textauszug, der von der bereits genannten Autorin Bettina Vaupel in „Der Wald im Kasten" (Monumente s. o.) stammt.

Im Originaltext (s in eckiger Klammer oben) heißt es zu Beginn:

„XII. Deutsche Holz-Bibliothek.

Unter dieser Benennung wird bereits mit einem Werke der Anfang gemacht, welches gewiss das einzige in seiner Art und für Liebhaber der Forstwissenschaft und Ökonomie sehr brauchbar ist: besonders aber ist es denjenigen, welche sich diesem Studium ganz widmen, z. E. den Forstbeamten und Förstern sehr zu empfehlen, indem sie hierdurch Gelegenheit habe, auf eine sehr fassliche Art hinlängliche praktische Kenntnisse zu erlangen. Die nachstehende Beschreibung wird das weitere erklären..." (Fortsetzung s. im Zitat oben)

Einen Wikipedia-Eintrag zu *Carl Aloys von Hinterlang* (gest. 1826) gibt es nur in französischer Sprache. Danach ist er in der zweiten Hälfte des 18. Jahrhunderts in Wien geboren, wo sein Vater als Berater des Kaisers tätig gewesen sein soll. 1798 ist er in Nürnberg ansässig, 1807 als Professor der Natur- und Forstwissenschaft am Königlichen Forstinstitut Gostenhof bei Nürnberg im Fürstentum Ansbach tätig. 1811 hat er sich im Gästebuch des Observatoriums in Kremsmünster als *Hofrat und Professor an der Akademie der Wissenschaften in München* eingetragen. Die Region Nürnberg habe er wegen seiner Schulden verlassen und sei schließlich noch Professor für Naturwissenschaften, Botanik und Forstwirtschaft an der Universität Linz geworden.

Weiter ist bekannt, das Hinterlang 1807 an den Abt von Lambach, Julian Ricci, eine neue noch undatierte Werbebroschüre sandte, in der er die Schaffung einer neuen Holz-Bibliothek mit 200 Arten ankündigte.

1987 berichtete ich:

Heute befinden sich etwa 90 Bände der (...) Holzbibliothek auf Burg Guttenberg am Neckar Neckarmühlbach/Haßmersheim). Es handelt sich um eine Gründung aus der Stauferzeit, die unzerstört erhalten geblieben ist und sich seit 1449 im Besitz der Freiherren von Gemmingen befindet. Im Burgmuseum ist ein Teil dieser Holzbibliothek ausgestellt.

Die umfangreichste Sammlung befindet sich im zoologischen und tiermedizinischen Museum der Universität Hohenheim in Stuttgart-Hohenheim. Sie kam 1827 aus königlich-württembergischem Besitz in die forst- und landwirtschaftliche Sammlung der damaligen Landwirtschaftlichen Hochschule (Akademie). Die etwa 200 Bände enthalten nahezu alle Holzarten Europas. In dem Eingangsflur zum Museum sind in Glasschränken zusammen mit dem Textbeispiel sowie weitere Informationen zu besichtigen.

Bis 1982 war der Autor der Hohenheimer Holzbibliothek nicht bekannt. Erst die Journalisten Mario Lemmy und Siegfried Gragnato ermittelten den Pater Candid Huber. Sie stellten auch fest, daß die Handschriften der Beschreibungen zum Teil verschieden sind und fanden heraus, „daß verschiedene Freunde des Paters ihm bei der Herstellung seiner ästhetischen Werke geholfen haben" (u.a. die genannten Gäste auf dem Jagdschloß Stellwang). Außer der Universität Hohenheim und der Burg Guttenberg sowie der Heimatstadt Hubers, Ebersberg, bewahrt das „Haus der Natur" in Salzburg nach ihren Angaben eine Serie Huberscher Holzbücher. Weiterhin stellten die Journalisten bei ihren Recherchen fest, daß in einem alten Baedeker-Reiseführer für Rußland „eine Sammlung Ebersberger Holzbücher im Museum zu Mitau (heute Jelgawa, Stadt an der Kurländischen Aa, früher Lettland) „beschrieben" wird, „die aus dem Nachlaß eines 1823 gestorbenen Generalleutnants stammen soll.

Die bis heute bis auf Verfärbungen (z.B. Früchte des Hagebuttenstrauches" von rot nach blau) recht gut erhaltenen Präparate – dank der beschriebenen Konservierungsmaßnahmen – bieten umfangreiches Material für forstbotanische und historische Studien, z.B. für die moderne Pollenanalyse, für die Schädlingsforschung. Umfassende und eingehende Studien sind bisher nicht bekannt geworden. Immer wieder finden sich auch Dokumente zur Holzwirtschaft, wie Holzspäne oder sogar „drei gedrechselte Holzstücke" als Beigabe zum Holzbuch der Hängefichte. (…)"

Eine Textprobe aus der Hohenheimer Sammlung veranschaulicht Art und Umfang:

„Die Gemeine Roßkastanie (Aesculus hippocastum).

Gemeine Roßkastanie, asiatische wilde Kastanie. Ursprünglich stammt dieser Baum aus dem nördlichen Asien her und ist nach Linné und Miller zuerst im Jahre 1500 nach Duhamel aber erst im Jahre 1615 nach Deutschland gebracht worden. Jetzt ist er allenthalben gemein, ziert Wege und Spaziergänge durch sein schönes früh hervorbrechendes Laub und seine schönen im April oder Mai sich öffnenden Blütensträuße. Er wächst in einem angemessenen Boden zu einer beträchtlichen Höhe und breitet seine Äste weit aus. Die Rinde ist bräunlich aschgrau, bei alten Stämmen aufgerissen und das Holz zart, weich und faserig. Die jungen Triebe schießen sehr schnell auf und erlangen ihre jährige Größe in drei bis vier Wochen, Die Blätter sind groß, fächerförmig ausgebreitet und bestehen aus fünf bis sieben keilförmigen kurz zugespitzten gezahnten dunkelgrünen mit starken Nerven durchzogenen Blättchen. Die Kronenblätter sind weiß und rot und gelb gefleckt. Die Frucht ist eine braune mit einem graugelben Nabelfleck versehene lederartige Nuss, welche entweder einzeln oder zu zwei oder drei in einer grünen, dreiklappigen gewöhnliche stacheligen, selten stachellosen Kapsel enthalten ist. Da die Roßkastanie sehr früh im Jahre treibt, so verpflanzt man sie im Herbste. Das Holz ist zart, weich und faserig und fault leicht, wenn es der Nässe ausgesetzt ist. Es dienet daher nur an trockenen Orten und soll daselbst, wenn es vorher mit Öl oder mit Teer überstrichen ist, unvergänglich sein. Es dient zu allerlei Schreinerarbeiten, auch zu Fasern wird es empfohlen. Die Rinde kann zur Färberei und Gerberei gebraucht werden."

Die höchste Zahl an Bänden dieser Holz-Bibliothek ist nach Angaben des Wikipedia-Eintrags an folgenden Orten vorhanden:

- 285 Bände: Johanneum Museum (Naturkundemuseum Johanneumsviertel) in Graz
- 184 Bände: Kremsmünster Museum des Observatoriums

- 100 Bände: Biologiezentrum des Oberösterreichischen Landesmuseums, Johann-Wilhelm-Klein-Str. 73, 4040 Linz
- 93 Bände: Burgmuseum Burg Guttenberg am Neckar
- 70 Bände: Lambach Abtei in Österreich
- 44 Bände: Zoologisches Museum der Universität Hohenheim

6.1.5 Friedrich Alexander von Schlümbach

Als zweiter Urheber der Hohenheimer Xylothek wird *Friedrich Alexander von Schlümbach* (1772–1836) zusammen mit seinem Mitarbeiter *Johann Goller* genannt. Auch für ihn ist der Wikipedia-Eintrag in französischer Sprache verfasst. Er soll als Offizier im Ruhestand zwischen 1805 und 1810 mithilfe von Johann Goller mehrere Holz-Bibliotheken hergestellt haben. Es werden noch erhaltene Sammlungen in Schweden, in Ungarn, Deutschland und in den Niederlanden genannt (Abb. 6.5).

Unter der Überschrift *Der Wald im Kästchen* (zu „Bücher und Graphik in Hamburg") berichtete Vita von Wessel in der FAZ am 18.11.2008 u. a.:

„Ein hölzernes Kästchen in Buchform und darin all das, was eine Baumart ausmacht und fertig ist die Xylothek. Eine ganze Sammlung dieses Archives aus Zweigen, Blättern und Früchten kommt jetzt bei Hauswedell & Nolte zum Aufruf – (…)."

Am 19. und 20. November 2008 wurde eine um 1806 entstandene Sammlung von 144 Bänden aus der Werkstatt Alexander von Schlümbach und Johann Goller mit einem Schätzwert von 150.000 € zur Versteigerung angeboten.

Und am 3.5.2020 berichtete Brita Sachs ebenfalls in der FAZ unter dem Titel „Forschung für Forstleute" („Bücher bei Hartung & Hartung"):

„Eine sehr anschauliche Form der Forschung stellen achtzehn Holzbücher aus der heute noch 189 Bände umfassenden Hohenheimer Xylothek dar. In Buchattrappen füllten Friedrich Alexander von Schlümbach und Johann Goller und ihre Forstbotaniker-Werkstatt zwischen 1804 und 1810 Präparate wie Blätter, Samen, Holzklötzchen, legten Monographien dazu und versorgten Forstleute und Holzgewerbler so mit allem Wissenswerten über eine Baumart." – Für die 18 Holzbücher wird ein Mindestgebot von 6000 € genannt.

Zu den Sammlungen in den Niederlanden heißt es:

„Um 1809 bestellte der König von Holland, Louis Bonaparte, drei Holzsammlungen bei Schlümbach, um sie den Universitäten in Harderwijk, Leyden und Franeker anzubieten, die er unterstützen wollte. Die aus Nürnberg stammenden Sammlungen kommen in drei Lieferungen an, im Mai 1809, April 1810 und Juli 1811 in Franeker.

Zu Franeker ist dann zu lesen:

„Nach der Schließung der Universität Franeker im Jahr 1811 wurde von Schlümbachs Xylothek an die Friesische Gesellschaft in Leeuwarden gespendet, die sie von 1844 bis 1902 verwaltete und dann der Gemeinde Franeker anvertraute. 1942 wurde es in das `t Coopmanshûs Museum (…) überführt. Diese 1998 restaurierte Sammlung von 158

Abb. 6.1 Porträt Krüni(t)z. (Aus seinem Werk)

Bänden wird in einer klimatisierten runden Vitrine ausgestellt. Es (Sie) wurde kaum von Studenten bearbeitet und ist die vollständigste der niederländischen Sammlungen.

Auf der Titelseite von Schlümbachs Werk „Abbildung der hauptsächlichsten in- und ausländischen Nadelbäume, welche besonders in dem Königsreich Baiern wild gefunden werden, (…)" (Nürnberg 1810/1811) wird Schlümbach als „Forst-Kandidatens und ordentlichen Mitglieds der allgemeinen kameralistisch-ökonomischen Societät zu Erlangen"".

In den Niederlanden befinden sich heute drei Sammlungen von Schlümbach:

- *Franeker:* Museum Martena seit 2006, 158 Bände
- *Enschede:* Museum TwentseWelle, 147 Bände („Museumfabrik" seit 2008; Zusammenschluss von drei Museen, u. a. Naturhist. Museum)
- *Baarn* (Provinz Utrecht): Kasteel Groeneveld (Schloss Groeneveld, als „Landgut für Stadt und Land" der Forstbehörde mit Museum)

Abb. 6.2 Titelseite der Schildbachschen Publikation (digitalisiert u. a. Herzogin Anna Amalia Bibliothek Weimar)

Beschreibung

einer

Holz-Bibliothek

nach selbst gewähltem Plan

ausgearbeitet

von

Carl Schildbach

zu Cassel.

Gedruckt bey J. F. Estienne'

1 7 8 8.

Die Schlümbachsche Xylothek im Waldmuseum Watterbacher Haus

(Markt Kirchzell im bayerischen Odenwald bei Amorbach).

Das *Watterbacher Haus* war ein sogenanntes Wohnstallhaus, ein mittelalterliches Fachwerkbauernhaus – die dendrochronologische Untersuchung (mehrerer Holzproben nach der Jahresringmethode) ergab ein Baujahr um 1475. Sein ursprünglicher Standort war Watterbach, ein Ortsteil der Gemeinde Kirchzell. Um es vor dem Abriss zu retten, wurde das Haus 1966 zunächst im Weiler Breitenbach und 1981 am Ortsrand von Preunschen wieder errichtet. Dort befindet sich seit dem 1. August 1997 das *Waldmuseum Watterbacher Haus*.

Im Erdgeschoss wird die forstgeschichtliche Entwicklung seit dem Mittelalter in der Region um Amorbach dargestellt. Dort ist zu erfahren, dass die mit einem Lauburwald bedeckte Landschaft bereits am Ende des 11. Jahrhunderts erschlossen und von den Menschen uneingeschränkt genutzt werden konnte. Infolge der zunehmenden Ausbeutung des Waldes verschwand dieser Altholzbestand jedoch in den folgenden Jahrhunderten. Folgen waren eine Auslichtung

Abb. 6.3 Porträts oben:
Landgraf Moritz der Gelehrte
(Kupferstich aus „Theatrum
Europaeum 1662), unten: Carl
I. (Kupferstich um 1700)

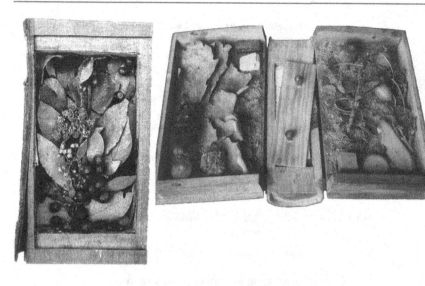

Abb. 6.4 Vergleich der Holzbücher – Oben: Beispiele aus der Schildbachschen bzw. Candid Huberschen Xylothek Unten: Aus der Xylothek von Carl von Hinterlang (zusammengestellt aus „Carl Schildbachs ‚Holzbibliothek nach selbstgewähltem Plan' von 1788, Naturkundemuseum im Ottoneum Kassel o. J.)

und Versteppung. Das Nachwachsen junger Bäume wurde durch die intensive Viehweide in den Wäldern weitgehend beeinträchtigt. Und so erließen die wald-nutzungsberechtigten Parteien – das Kloster, die umliegenden Ortschaften und der Landesherr um 1500 die ersten Wald- und Forstordnungen. Amorbach entstand als

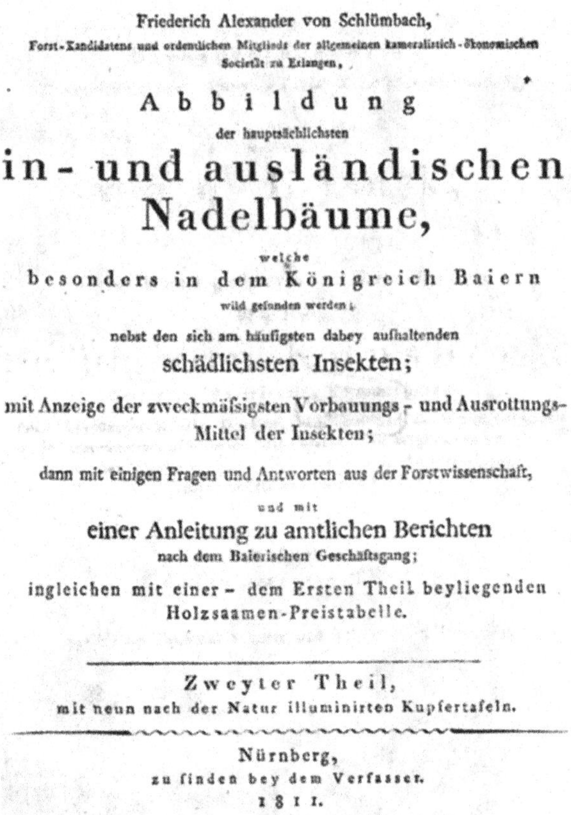

Friederich Alexander von Schlümbach,
Forst-Kandidatens und ordentlichen Mitglieds der allgemeinen kameralistich-ökonomischen
Societät zu Erlangen,

Abbildung

der hauptsächlichsten

in- und ausländischen
Nadelbäume,

welche

besonders in dem Königreich Baiern

wild gefunden werden;

nebst den sich am häufigsten dabey aufhaltenden

schädlichsten Insekten;

mit Anzeige der zweckmäfsigsten Vorbauungs - und Ausrottungs-
Mittel der Insekten;

dann mit einigen Fragen und Antworten aus der Forstwissenschaft,

und mit

einer Anleitung zu amtlichen Berichten
nach dem Baierischen Geschäftsgang;

ingleichen mit einer - dem Ersten Theil beyliegenden
Holzsaamen-Preistabelle.

Zweyter Theil,
mit neun nach der Natur illuminirten Kupfertafeln.

Nürnberg,
zu finden bey dem Verfasser.
1 8 1 1.

Abb. 6.5   Titel von F. A. von Schlümbachs Werk über Nadelbäume (s. auch Abb. 6.6)

Ort aus dem Benediktinerkloster und wurde 1253 zur Stadt erhoben. Im Grenzgebiet zwischen Hessen, Bayern und Baden-Württemberg wechselt Amorbach mehrmals den Landesherrn. Lange Zeit – bis 1803 – gehörte es zu Kurmainz, von 1803 bis 1806 war sie Residenzstadt des Fürstentums Leiningen und erst 1816 wurde es bayerisch.

Als zu Beginn des 18. Jahrhunderts zahlreiche Wälder schon kahlgeschlagen und versteppt waren, begannen die Waldbesitzer mit einer Aufforstung durch Nadelhölzer und mit einer Waldbewirtschaftung. Aus den einstigen Buchen-Eichen-Mischwäldern entstanden Nadelholzwälder (bis zu 70 %) mit großen Flächen als Monokulturen.

Im Museum wird neben diesen Entwicklungen auch das Thema *Arbeitsplatz Wald* behandelt – mit der Arbeit von Köhlern, Glasmachern, Pottaschebrennern, Pechsiedern und Schmierbrennern, die alle Holz in großen Mengen verbrauchten. Als Schwerpunkt wird im Museum auch der *Kreislauf der Holzernte* dargestellt – von der Gewinnung des Saatgutes über die Pflanzung, die Kultivierung junger Bäume bis zur Fällung. Anschaulich visualisiert werden u. a. die Bereiche

Abb. 6.6 zur Zirbel-Kiefer mit Schadinsekten (Original in Farbe) – Titel s. Abb. 6.5

Pflanzschule, Langholzfällung und das Schichtholzmachen, und auch den Kirch-
zeller Zapfenpflücker ist eine eigene Abteilung gewidmet. Zu den wirtschaftlich
wichtigen Themen gehören auch das Sammeln von Beeren und Pilzen.

Die im Waldmuseum vorhandene *Xylothek* stammt offensichtlich von
Schlümbach.

6.1.6 Joh. Barthol. Bellermann: Die Sammlung von Gersdorff im Kulturhistorischen Museum Görlitz

Adolf Traugott von Gersdorff (1744–1807) war Rittergutsbesitzer, Naturforscher
und Mitbegründer der Oberlausitzischen Gesellschaft der Wissenschaften. Er
wurde als Sohn des kursächsischen Obersten Karl-Ernst von Gersdorff und dessen
Ehefrau Johanna Eleonora, geb. von Richthofen, geboren. Nach dem Unterricht
durch Hauslehrer besuchte er von 1762 bis 1763 das Gymnasium Augustum in
Görlitz. Ab 1764 studierte er an den Universität Leipzig und besuchte dort u. a.

Abb. 6.7 Titelseite des Werkes von Bellermann

Abb. 6.8 Holzmuster in der Xylothek – Blick in die Sammlung. (Quelle: Ralf Rosin, Holzforschung München, TUM)

Abb. 6.9 Exemplare aus der Xylothek von Candid Huber. (Quelle: Ralf Rosin, Holzforschung München, TUM)

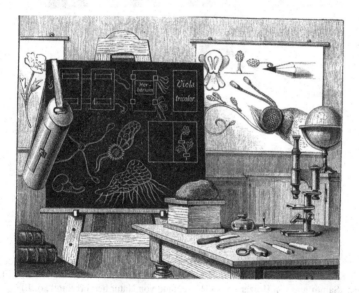

Abb. 6.10 Frontispiz aus „Der Mensch und die drei Reiche der Natur. 2. Teil: das Pflanzenreich" („Pflanzenreich in Wort und Bild für den Schulunterricht in der Naturgeschichte" von M. Kraß und H. Landois, Herder, Freiburg [7]1893)

Vorlesungen in Literaturgeschichte und Experimentalphysik. 1766 kehrte er in die Oberlausitz zurück. Er schuf ein physikalisches Kabinett, das sich heute im Kulturhistorischen Museum in Görlitz ebenso wie seine Bibliothek befindet. Von ihm stammt offensichtlich auch die Holz-Bibliothek, als deren Autoren Christian Clodius und Johann Bartholomäus Bellermann genannt werden.

Johann Bartholomäus Bellermann (1756–1833, Maler und Kaufmann) veröffentlichte 1788 „Abbildungen zum Cabinet der vorzüglichsten in- und ausländischen Holzarten nebst deren Beschreibung": (Abb. 3.7)

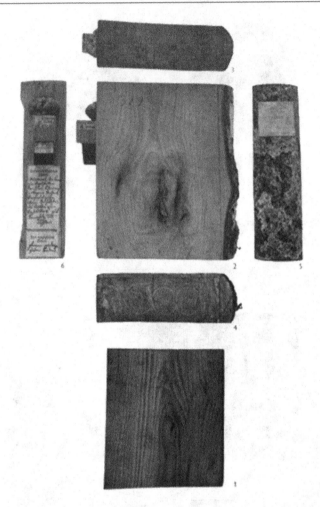

Abb. 6.11 Teile für den Nachbau eines historischen Holzbuches. (Aus: Naturkundemuseum Ottoneum Kassel (Hrsg.): Carl Schildbachs „Holzbibliothek nach selbstgewähltem Plan" von 1788. Eine „Sammlung von Holzarten, so Hessenland von Natur hervorbringt", o. J.)

Zu den zwei Holzbibliotheken in Görlitz ist zu berichten:

Die erste Xylothek umfasst 60 Stücke und stammt aus den Sammlungen von Adolf Traugott von Gersdorff, der sie von Johann Bartholomäus Bellermann erworben hatte. 1807 kam sie zu den Sammlungen der Oberlausitzischen Gesellschaft der Wissenschaften.

Die zweite Xylothek stammt ebenfalls aus der Sammlung von Gersdorff; sie wurde bereits 1769 auf einer Studienreise vom Rektor der Zwickauer Ratsschule Magister Christian Clodius (1694–1778; zuvor Rektor der Lateinschule in Annaberg) erworben und bestand ursprünglich aus 100 Täfelchen im Format $50 \times 100 \times 5$ mm (80 sind erhalten). Sie unterscheidet sich somit wesentlich

Abb. 6.12 Schachtel in
Buchform (für das Baum-
Herbarium)

von den zuvor beschriebenen Holzbüchern. Clodius entwickelte schon 1730 die
Kurfürstlich Sächsische Xylothek in Dresden.

Kulturhistorisches Museum Görlitz, Barockhaus, Neißstraße 30, 02.826
Görlitz, Tel. 03.581/671.410 (Holz-Sammlung von Adolf Traugott von Gersdorf).

Johann Bartholomäus BELLERMANN (1756–1833) war Maler (Gouche-
Malerei von Landschaften und Panoramen) und vor allem Kaufmann. Er stammte
aus einer angesehenen Erfurter Familie, aus der Gelehrte, Musiker und Maler
hervorgegangen sind. J. B. Bellermann war auch ein Hersteller von Xylotheken
und Entomologe. Im *Thüringer Naturbrief* (5.4.2017) schrieb Detlef Tonn, dass
sich im Haus vom Ehepaar Bellermann in Erfurt ein Kolonialwaren-Geschäft und
eine Wollfabrikation befunden habe. Zu den großen Leidenschaften Bellermanns
haben die Malerei und das Sammeln gehört. Für seine Holzbibliotheken habe er
110 Kunden gehabt, von denen sich noch heute Exemplare in Rudolstadt, Görlitz
und München befinden.

Ludwig BECHSTEIN berichtet 1838 in seiner *Wanderungen durch Thüringen*
auch von einem Besuch der Wanderer in Bellermanns Haus in Erfurt – beim Sohn
Christian Bellermann:

„Herr Kaufmann Bellermann zeigte den Freunden das von seinem Vater teils gesammelte,
teils selbst verfertigte Kunstkabinett, enthaltend in antiquarischer Mannigfaltigkeit
gelungene Werke der Phelloplastik [Korkschnitzkunst im 18./19. Jh.] wie der Malerei,
herrliche Panoramen, eine künstliche Sammlung ausländischer Schmetterlinge und Käfer,
mit täuschender Wahrheit nachgebildet, und noch so manches Interessante aus Heimat
und Fremde an Produkten der Natur wie des Kunstfleißes."

Quercus petraea (Matt.) Liebl.

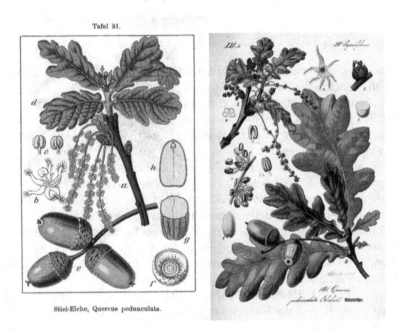

Abb. 6.13 Farbige Abbildungen zum Baum-Herbar

Der Hinweis auf die *Phelloplastik* erklärt auch die in manchen Holzbüchern ent-
haltenen Nachbildungen einzelner Früchte oder anderer Exponate. Urheber des
Begriffes war Karl August Böttiger (1760–1825), Philologe, Pädagoge und Schriftsteller der Goethezeit in Weimar. Aus Kork wurden vor allem Architekturmodelle

Abb. 6.14 Foto
der Schachtel des
Baumherbariums für die
Rot-Buche (Vorderseite mit
farbigem Bild)

Abb. 6.15 Baumscheibe einer Eiche

Abb. 6.16   Pflanzenpressen und Behälter zum Sammeln

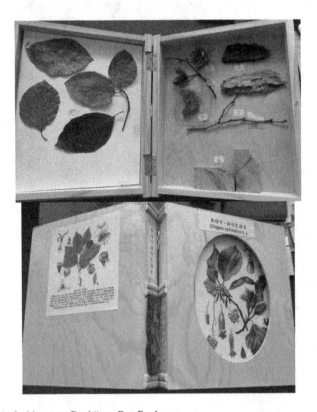

Abb. 6.17   Aufgeklapptes „Buch" zur Rot-Buche

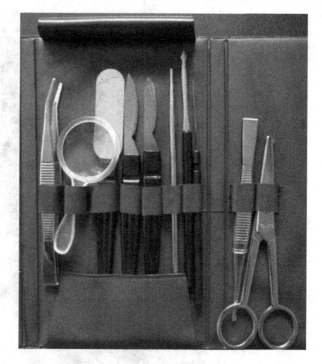

Abb. 6.18 Botanisches Präparierbesteck des Autors aus den 1950er Jahren. (Foto: Schwedt)

hergestellt. Weihnachtskrippen aus Kork sind in Neapel schon im 16. Jahrhundert nachweisbar.

Heute finden wir Nachbildungen u. a. von Obst und Gemüse als Lebensmittel-attrappen aus Kunststoffen (Polymeren), als Dekoobst in vielen Varianten.

In den historischen Sammlungen der *Holzforschung München (HFM)* – s. auch folgendes Kapitel befinden sich zwei der *aufwendig gestalteten Buchsammlungen des Ebersberger Geistlichen Candid Huber von 1791* (Flyer der HFM) sowie eine Sammlung von Johann Bartholomäus Bellermann (um 1780) – als „Holzcabinett" mit *kleinen Holztafeln,* am „Buchrücken" mit Baumrinde und Namenetikett versehen. Von den ursprünglich 72 Buchblöcken sind in München 67 Exemplare vorhanden.

6.2 Holzsammlungen für die Forschung heute

6.2.1 Holzforschung München (HFM) – am Lehrstuhl für Holzwissenschaft der TU München

Die Geschichte des HFM beginnt 1954 mit der Gründung des Instituts für Holz-forschung durch Franz Kollmann (1906–1987), der vor dem Zweiten Welt-krieg Direktor der Reichsanstalt für Holzforschung in Eberswalde gewesen war.

Abb. 6.19 Die Spindel eines Fichtenzapfens unter dem Digital-Mikroskop. (50fache Vergrößerung im Auflicht) (Foto Schwedt)

Abb. 6.20 Blick in das „Holzbuch" zur Kiefer

Abb. 6.21 Vier Exemplare einer Xylothek

Abb. 6.22 Im Arbeitszimmer des Autors

Kollmann hatte 1925 bis 1929 Maschinenbau an der TH München studiert, 1932 an der TH Berlin promoviert und erhielt 1934 eine Professur an der Forstlichen Hochschule Eberswalde. Ab 1945 baute er den Studiengang Holztechnik in Hamburg auf, wurde 1951 Direktor der Bundesforschungsanstalt Forst- und Holzwirtschaft Reinbek bei Hamburg und gründete 1954 das Institut in München. Er war u. a. Begründer der Zeitschrift „Holz- als Roh- und Werkstoff" und gilt auch als Schöpfer des Begriffs der „Wissenschaft vom Holz"

Das Institut für Holzforschung wurde der forstwissenschaftlichen Fakultät der Ludwig-Maximilians-Universität (LMU) zugeordnet (Abb. 6.8).

Die Sammlung wurde von dem Mitarbeiter Eberhard Schmidt aufgebaut. Ab 1971 entstand eine *Dünnschnittsammlung* (Kurator Dietger Grosser), die heute über 22.000 Präparate enthält. 1999 wurde das Institut für Holzforschung von der TU München (TUM) übernommen und 2000 in *Holzforschung München* (HFM) als Teil des Lehrstuhls für Holzwissenschaft umbenannt.

Die Aufgaben der HFM im 21. Jahrhundert sind Bestimmungen von Holzarten u. a. für Behörden, Unternehmen und auch Privatpersonen. Die Sammlungen wurden über Jahrzehnte sowohl durch Spenden als auch Forschungsreisen zusammengetragen. Sie enthalten neben den genannten 22.000 Dünnschnittpräparaten auch über 10.000 Holzmuster von über 5.000 Gehölzarten. Die Vergleichsmuster können bei Ermittlungen gegen illegalen Holzhandel sowie bei Verstößen gegen internationale Artenschutzabkommen (CITES: *Convention on International Trade in Endangered Species of Wild Fauna;* deutsch: Übereinkommen zum internationalen Handel mit gefährdeten Arten freilebender Tiere und Pflanzen – als Washingtoner Artenschutzabkommen) eingesetzt werden. Zunehmend wird die Entwicklung einer genetischen Weltkarte (anhand von Genanalysen), um exakte Nachweise der Wuchsorte eines Baumes bestimmen zu können.

Grundlegend für die Holzbestimmung ist zunächst ein 10 bis 40 µm dicker Dünnschnitt (mittels eines Mikrotoms wie in der Medizin für Gewebeproben) und zwar in den drei anatomischen Hauptrichtungen Querschnitt, Tangentialschnitt und Radialschnitt des Holzes. Unter einem Lichtmikroskop lassen sich die anatomischen Feinstrukturen mit denen eines Referenzpräparates aus der Xylothek der HFM vergleichen.

Eine besondere Sammlung der Xylothek des HFM stammt aus Gedenk-Expeditionen an den Naturforscher Alexander von Humboldt aus den 1950er und 1960er Jahre (Abb. 6.9).

Die historische Sammlung an der Holzforschung München besteht aus zwei Kollektionen mit 145 bzw. 117 Exemplaren aus der Xylothek von Candid Huber und aus 67 Buchblöcken der ersten historischen Holzsammlung von Bellermann. Eine besondere Rarität stellt die vom Forstmann Nördlinger (Hermann von Nördlinger (1818–1897), erhielt 1845 die zweite forstliche Professur in Hohenheim) um 1850 angelegte Dünnschnittsammlung von insgesamt 900 Arten dar. Er veröffentlichte 1874 auch seine „Deutsche Forstbotanik…".

6.2.2 Thünen-Institut in Hamburg

Das *Thünen-Institut für Holzforschung* in Hamburg gehört zum *Thünen-Institut* als Bundesforschungsanstalt für Ländliche Räume, Wald und Fischerei, 2008 aus drei Vorgängereinrichtung mit Hauptsitz in Braunschweig gegründet.

Namensgeber ist Agrar- und Wirtschaftswissenschaftler sowie praktischer Landwirt und Sozialreformer Johann Heinrich von Thünen (1783–1850). Er stammte aus Friesland und studierte nach einer praktischen Ausbildung als Landwirt u. a. bei Albrecht Thaer in Celle. 1809 erwarb er das Gut Tellow in Mecklenburg und entwickelte dort seine landwirtschaftliche Betriebslehre.

Die Bundesforschungsanstalt hat zahlreiche Standorte – zu Wald/Holz u. a. in Hamburg (Holzforschung) und Eberswalde (Waldökosysteme).

In Reinbek bei Hamburg befand sich seit 1939 bereits das Reichsinstitut für ausländische und koloniale Forstwirtschaft – Tharandt (Sachsen) 1931 gegründet. Daraus entwickelte sich nach Zweiten Weltkrieg die Zentralanstalt für Forst- und Forstwirtschaft, ab 1951 Bundesforschungsanstalt für Forst- und Holzwirtschaft unter Leitung von Kollmann (s. o.).

Den Grundstock der umfangreiche Holzsammlungen heute im Thünen-Kompetenzzentrum Holzherkünfte in der Leuschnerstraße in Hamburg-Bergedorf (Zentrum Holzwirtschaft der Universität Hamburg gemeinsam mit dem Thünen-Institut für Holzforschung) bilden einige Exponate aus Tharandt. Bis zum Ende des Zweiten Weltkrieges war die Sammlung bereits auf 4000 Muster angewachsen, 1956 hatte sie schon auf rund 9.500 Muster erweitert. Durch zahlreiche Kontakte und internationalen Austausch war sie bis 1983 auf 18.000 Muster angewachsen. Danach erfolgte vor allem eine Reorganisation der Bestände durch die EDV-gestützte Datenverarbeitung, die schließlich bis 2004 von 24.000 Mustern auf ein elektronisches Datensystem übertragen wurde.

Die Aufgaben sind mit denen der Holzsammlung in München vergleichbar. 2013 trat auch die EU-Handelsverordnung (EUTR) in Kraft, mit der die Vermarktung von illegal geschlagenem Holz verbietet. Hier können anhand der Sammlungsobjekte auch behördlich genommene Proben untersucht und eine Holzarten-Bestimmung durchgeführt werden. Die Sammlung bildet die Grundlage für das im Institut erstellte System zur Computer gestützten Holzarten-Bestimmung und der Aufarbeitung der Sammlung für mikroskopische Untersuchungen.

Die heute etwa 35.000 Sammlungsmuster (einschließlich Dubletten) umfassen etwa 245 Familien, 2400 Gattungen bzw. 11.300 Arten. Die Holzmuster dienen auch wie in München zum Aufbau einer genetischen Datenbank.

Auf der Webseite des Thünen-Kompetenzzentrums Holzherkünfte sind u. a. Holzmuster dargestellt – mit beispielsweise folgenden Informationen zum.

„Ahorn – Verbreitung: Europa, temperiertes Asien und Nordamerika. Das helle Ahornholz wird ausschließlich im Innenbereich v. a. für die Herstellung von Möbeln und Fußböden (Parkett) verwendet. Ahorn eignet sich zudem hervorragend für die Herstellung von Musikinstrumenten (Holzblasinstrumente wie Blockflöten, Fagott und Böden von Streichinstrumenten) sowie Hygieneartikel (Kinderspielzeug und Küchenutensilien)."

[Mit *Hygieneartikel* sind nach dem Lebensmittelgesetz „Bedarfsgegenstände"
gemeint, die mit Lebensmitteln bzw. hier mit den Schleimhäuten des Mundes in
Berührung kommen.]

6.3   Aufbau eines Holz(Baum)-Bibliothek im Detail

Als Beispiel aus der Forstbotanik soll nach dem *Katechismus der Forstbotanik* von
H. Fischbach (1862), Professor an der land- und forstwirtschaftlichen Akademie
Hohenheim, der Stand der Forstbotanik zum Thema Herbarium bzw. Holz-
sammlung näher beschrieben werden.

In der Einleitung von Fischbachs *Katechismus der Forstbotanik* („Zweite,
gänzlich umgearbeitete Auflage des Katechismus der Forstbotanik von J. V.
Massaloup") heißt es unter Punkt.

12. **Was versteht man unter Herbarium?**
    Eine Sammlung getrockneter Pflanzen, oder Pflanzentheile, aus welchen
    die bezeichnenden Merkmal einer Pflanzenart leicht und übersichtlich zu
    erkennen sind; am wichtigsten sind Blühten, Blätter und Keimpflanzen,
    letztere mit den Kotyledonen. [Kotyledone: Keimblatt]
13. **Wie werden frische Pflanzentheile getrocknet?**
    Die drisch gepflückten, in ihrer Form charakteristischen Blütenzweige lässt
    man ungefähr eine Stunde lang im Schatten welken, entfernt dann die etwas
    vorhandenen Zweige, welche hinder, die Blühte platt auf den Tisch zu legen,
    schneidet bei starken Trieben die untere Hälfte der Länge nach weg, legt
    den Zweig alsdann auf Fließpapier, breitet seine Theile ihrer gegenseitigen
    Stellung am Baum gemäß aus und bedeckt ihn vorsichtig mit einem zweiten
    Bogen Fließpapier; auf den so eingepackten Zweig bringt man sofort einige
    leere Bogen Fließpapier, worauf ein zweiter Zweig in gleicher Weise ein-
    gelegt und bedeckt wird, u. s. f. Schließlich presst man Alles zwischen zwei
    Brettern, anfangs leicht, später stärker, entweder mit Hülfe von Gewichten,
    oder mittels zweier Klötze mit durchgehenden hölzernen Gewinden und
    Schraubenmuttern. Das Fließpapier nimmt die von den Pflanzen abgegebene
    Feuchtigkeit auf; um letztere daher vor Verderbnis zu bewahren, Muss das
    Papier alle Tage durch trockenes ersetzt werden: dabei kommt jeder Pflanze
    mit ihren eigentümlichen Formen zur Ansicht, wie auch die jedes Mal bei-
    zulegenden Etikette mit botanischen und deutschen Namen, mit den Notizen
    über Klasse, Familie, Fundort, Blütezeit etc. Ist die Pflanze trocken, so wird
    sie in weißes, geleimtes Papier gebracht; wenn die Blühte ins erste Frühjahr
    fiel, wird später der getrocknete Blätterzweig hinzugefügt, und endlich das
    Ganze nach irgend einem System geordnet, jeder Familie etc. zwischen zwei
    Pappdeckel gelegt und zum Schutz gegen Ungeziefer vielleicht noch in ein
    Säckchen von Leichter Leinwand gepackt.

14. Was ist beim Anlegen einer Samensammlung zu beobachten?

Nicht bloß die Samen, sondern auch die Früchte und Fruchtstände sind als für jede Pflanze charakteristisch neben einander in offenen Schachteln an staubfreien orten oder in verschlossenen Gläsern aufzustellen. Saftige Früchte sind zu trocknen und auch hernach noch vor Feuchtigkeit und Ungeziefer zu schützen.

15. Wie ist eine Knospensammlung anzulegen?

Die Zeit, in welcher die Knospenzweige geschnitten werden müssen, fällt in die Monate November bis Januar; es ist danach zu trachten, Blätter- und Blütenknospen zu bekommen, Knospen an Lang- und an Kurztrieben, an altem und an jungem Holz, von magerem und üppigem Wuchs, aus sonnigen und schattigem Stande. Die Zusammenstellung geschieht recht übersichtlich auf Tafeln von Pappe, durch welche schmale Bänder gezogen sind (Abb. 6.10).

Das in zahlreichen Auflagen erschienen Anleitungsbuch „Pflanzensammeln – aber richtig" von Georg Stehli, das auch vom Autor in den 1950er Jahren verwendet wurde, beinhaltet in der 11. Auflage 1984 (von Gerhard Brünner betreut) ein Kapitel mit der Überschrift *Bäume – was sie dem Sammler bieten.*

Stehli (1883–1961) studierte in Heidelberg, Berlin und Jena und promovierte bei Ernst Haeckel in Jena. Durch einen Unglücksfall verlor er sein Gehör, trat 1910 in die Franckh'sche Verlagshandlung in Stuttgart ein, übernahm die Redaktion der Zeitschrift *Mikrokosmos* und veröffentlichte 1935 erstmals sein Buch über das Pflanzensammeln.

Stehli bezeichnete eine *Holzsammlung* als eine botanische Nebensammlung und schrieb grundlegend dazu:

> „Je ausgereifter und je besser getrocknet das Holz ist, umso mehr eignet es sich für die Sammlung, umso leichter lässt sich mit ihm arbeiten. Wir wollen an dem Holzstücke als besonders kennzeichnend für seine Art nicht nur die Rinde sehen, sondern auch die Jahresringe und Markstrahlen, ferner die Gefäßbündel im Längs- wie im Querschnitt, und wir wollen endlich auch eine Vorstellung davon bekommen, wie sich die betreffende Holzart in bearbeitetem Zustande ausnimmt. Danach müssen wir Quer-, Radial- und Tangentialschnitte durch den Stamm anfertigen, aber wir können die Eigentümlichkeiten aller bequem und übersichtlich vereinigen, wenn wir uns keilförmige Ausschnitte beschaffen, deren Schneide im Stammzentrum liegt und deren Außenseite durch die Rinde gebildet wird. Im Allgemeinen genügen eine Länge von 10-12 cm, eine Breite von 3-4 cm und eine Höhe von 2 cm. Von zwei gleichartigen Flächen wird dabei die eine matt poliert, die andere lediglich glatt gehobelt. (…)"

Darüber hinaus empfahl Stehli auch noch eine Politur, nachdem die Holzfläche mit Glaspapier gründlich abgerieben und dann mit Bienenwachs bestrichen worden war.

In der genannten Ausgabe von 1984 wird u. a. empfohlen, nach den Jahreszeiten eine ganzheitliche Betrachtung bzw. Sammlung zu entwickeln.

Grundsätzlich stellen Stehli/Brünner fest, dass „ein Herbar von Zweigen, Blättern, Blüten und Früchten unbedingt in ein **Baum-Herbarium** gehören.

Knospenzweige werden benötigt, um die Art auch im blattlosen Zustand sicher ansprechen zu können. Schließlich bildet auch das Bild der Rinde charakteristische Strukturen. Alles das, zusammen mit einer Holzprobe, lässt sich zu einer Einheit zusammenfassen und der Sammlung einfügen."

Im *Winter* werden Zweigstücke mit Seiten- und Endknospen gesammelt (und für die Sammlung präpariert).

Weitere Tipps lauten:

> „Nicht nur blühende, sondern nach Möglichkeit auch fruchtende Zweigstücke oder Früchte sammeln!
>
> Nun zum Holz selbst. (…)" Es werden Quer- und Längsschnitte empfohlen, auch tangentiale Anschnitte eines Zweiges. (ausführlich bei Stehli 1955 – s.o.)
>
> *Samen* und *Früchte* können auch getrennt gesammelt werden, gehören jedoch unbedingt in ein Baum-Herbarium. Beispiel: *„Ist die Vollreife noch nicht ganz eingetreten, können abgeschnittene Fruchtstände zu Hause an luftigen Orten nachreifen (in Tüten einbinden oder weißes Papier unterlegen, damit die Samen nicht verloren gehen."*

Unter *Stehli/Brümmer* erschien das Buch „Pflanzensammeln – aber richtig" in der 11. Auflage offensichtlich 1984 zum letzten Mal. Als Folgeprodukt des Franckh-Kosmos-Verlages in Stuttgart gibt es in Verbindung dem 1935 erstmals von Alois Kosch veröffentlichten Pflanzenbestimmungsbuch *„Was blüht denn da?"* (59. Auflage mit 200 Zeichnungen, auch von Bäumen, Stuttgart 2015) ein Set mit dem Titel „Was blüht denn da? Das Herbarium" aus Anleitungsbuch (Doris Grappendorf) und Herbarmappe.

Von Ingrid Gabriel stammt das Buch *Das Herbarium. Pflanzen sammeln, bestimmen und pressen...* (Falken-Verlag, Niedernhausen 1981), in dem ebenfalls im Kapitel „Spezialsammlungen" Tipps für eine *Holzsammlung* enthalten sind, die sich teilweise auch bei der Gestaltung von *Holzbüchern* heute umsetzen lassen.

Der erste Satz der Autorin zur Holzsammlung lautet:

„Eine Holzsammlung ergibt schon mehr als ein Holzmuseum, will man seine Freude an einer solchen Sammlung haben."

Sie empfiehlt u. a.:

- *keilförmige Ausschnitte aus Ästen oder Baumstämmen,* von der Mitte bis zur Rinde, um so Querschnitt, Längsschnitt und auch die Rinde näher betrachten zu können.
- von zwei gleichen Flächen eines Holzstückes sollte eine *gehobelt,* die andere *poliert* werden (zum Polieren werden Bienenwachs mit einigen Tropfen Terpentinöl empfohlen, nach dem Glätten der Fläche mit Glaspapier)
- ein *ganz dünner Holzspan,* zwischen *dickere Folienscheiben* gelegt, dient zur Betrachtung der Holzmaserung
- *Baumrinde,* Format 10×6 cm, werden im *zeitigen Frühjahr geschält,* im Wasser geweicht, zwischen Löschpapier unter Druck getrocknet, und weiter wie Blütenpflanzen behandelt
- als Ergänzung der Sammlung werden Aststücke und *Wurzeln* genannt.

Gegen Insektenbefall empfiehlt die Autorin u. a. *Quassiatinktur* (aus der Apotheke).

Sowohl aus den detaillierten historischen Beschreibung der Inhalte von Xylotheken als auch der neueren Literatur wurde ein Konzept für die Anlage eines *Baum-Herbariums* in Form eines Baumbuches entwickelt, das im folgenden Kapitel ausführlich beschrieben wird.

Eine erste ausführliche Beschreibung über den Aufbau einer *Holzsammlung* nach Schildbach stammt von dem bereits genannten Forstbotaniker Bechstein, der auch Bezug auf die Holzbibliotheken von Candid Huber und Bellermann nimmt.

Johann Matthäus Bechstein: „Forstbotanik oder vollständige Naturgeschichte der deutschen Holzpflanzen und einiger fremden. Zur Selbstbelehrung für Oberförster, Förster und Forstgehülfen", Erfurt 1810 (S. 170 ff.)

„Zwanzigstes Kapitel.

Von der Sammlung und Aufbewahrung der Holzgewächse, zum Erkennen derselben.

Obgleich die Anzahl der Holzgewächse, im Vergleich zu den übrigen Pflanzen und Kräuterarten nicht groß ist, und man also glauben sollte, daß zum Erkennen und Wiederholen keine besonderen Sammlungen derselben nötig wären, so fehlt es doch beim Erlernen und Vergleichen oft an Zeit und Gelegenheit, oder die Jahreszeit verbietet das eigene Anschauen in der Natur, und es werden daher dieselben für den Forstmann, vorzüglich für denjenigen, der sich nicht mit den gemeinsten Kenntnissen begnügt, nicht nur nützlich, sondern auch notwendig. Es gehört dazu:

1) Die HOLZSAMMLUNG. Die Hölzer selbst, als der vornehmste Teile der Gewächsarten, werden in kurze Klötzchen gesägt, und in vier oder nach Beschaffenheit der Stärke, in mehrere Teile so gespalten, das die äußere Rinde, die Safthaut, der Splint, das reife Holz und der Kern zu sehen sind. Die eine Seite wird gehobelt und poliert, die andere aber, um die Fasern und ihre Struktur desto besser erkennen zu können, unbearbeitet gelassen. Ebenso wird eine horizontale Fläche poliert, um die Holzringe desto besser zu sehen, die andere aber bleibt roh, wie sie die Säge gemacht hat. Auf eine schickliche Stelle wird der deutsche oder besser der lateinische Linneische Name mit der Nummer, die sie in der gebrauchten Forstbotanik hat, geschrieben. Man hebt eine solche Sammlung in Kästchen auf, um sie vor Staub und Insekten zu schützen. Die Form der Kästchen und des Schranks, in welchem sie liegen, ist nach Belieben, aber mit Geschmack zu wählen.

2) Die PFLANZENSAMMLUNG, wozu die getrockneten, gepressten und in Papier gelegten oder aufgeklebten Blüten, Blätter, Knospen und Zweige und auch die aus dem Samen entwickelten Pflänzchen mit ihren Wurzeln, Samen- und Keimplättern gehören. Entfalten sich Blüten und Blätter nicht zu gleicher Zeit an einem Zweige, so müssen letztere, so wie die Samenpflänzchen, besonders aufgelegt werden.

Beim EINSAMMLEN dieser Theile ist die Vorsicht zu brauchen, daß sie während dem Nachhausetragen der Luft und Sonne nicht zu sehr ausgesetzt werden und verwelken. Sind sie aber welk geworden, so müssen sie zu Hause mit Wasser besprengt und in feuchtem Sand oder in Wasser gesetzt werden, damit sie wieder vollkommen frisch und entwickelt erscheinen.

Die GRÖSSE jedes Exemplars beträgt einen halben Bogen Papier, und sollten nicht alle Theile darauf gebracht werden können, so nimmt man mehre Blätter dazu.

Bei holzigen Zweigen wird vor dem TROCKNEN die Hälfte derselben, doch ohne Verletzung des Blatts und der Blüte, abgespalten. Statt des gewöhnlichen Löschpapiers nimmt man lieber weißes oder Druckpapier, legt den Zweig mit Blüten und Blättern so ausgebreitet auf eine Seite, daß alles Vorzügliche zugleich gesehen werden kann, dann schlägt man die andere Hälfte darüber und schiebt diesen Bogen zwischen eine Lage graues Löschpapier oder andern Makulatur, und trocknet die Pflanze so nach und nach darunter. Hat man mehrere Lagen, so legt man sie übereinander, belegt sie mit einem Brette, das man nach und nach mit mehreren oder größeren Gewichten beschwert. Aber hier liegen gewöhnlich die Pflanzen einander zu nahe, die Feuchtigkeit bleibt mehr zurück, und der Druck erreicht zuletzt nicht den hohen Grad, dessen es bedarf. Am besten legt man anfangs die Lagen zwischen Folio-Bände in einer Entfernung von einander, bringt die, welche eines stärkeren Drucks bedürfen oder trockner sind, in andere Bände, die man mit Steinen beschwert, und endlich, wenn sie schon trocken sind, daß auch dieser Druck nicht mehr auf sie wirkt, unter eine Presse mit 2 Schrauben, um sie vollends glatt und ebenso machen. Während dessen muss alle Tags nachgesehen werden, wie weit das Trocknen vorgerückt ist, dabei die Pflanze gelüftet, auf eine andere Stelle gelegt, und das Papier rein abgewischt werden, damit sich kein Schimmel ansetzt oder sitzen bleibt. Die Schwarzholzzeige, deren Nadeln noch unter dem Drucke fortleben, und sich endlich von dem Zweige trennen, muss man, um dies Abfallen zu verhüten, wie alle saftigen Gewächstheile, so schnell als möglich durch Überstreichung eines heißen Platt- oder Biegeleisens trocknen oder durch Eintauchen in heißes Wasser, töten.

Die trocknen und gepressten Zweige legt man zum Aufbewahren zwischen weiße Papier-Bogen oder klebt sie mit Leim auf ihrer Unterfläche ganz oder durch überspannte Papierschnittchen zwei bis dreimal auf. Unter die Pflanze wird der lateinische und deutsche Name derselben geschrieben. Die ganze Sammlung wird zwischen Pappdeckel, die man zusammen binden kann, gelegt, und zur Sicherheit für die zerstörenden Insekten, in ein festschließendes Pappfutteral geschoben, das die Gestalt eines Buchs erhalten kann. Demungeachtet gehört fleißiges Nachsehen dazu, um vor der Zerstörung der sich etwa einschleichenden Insekten sicher zu sein. Neben diese Pflanzentheile wird denn auch noch zur Vollständigkeit der Sammlung, das Keimpflänzchen und ein Reißchen mit der Winterknospe geklebt.

3) Die FRUCHTHÜLLEN, die es leiden, trocknet man nach und nach an der Sonne, Luft oder Ofenwärme, und legt sie eben so, wie die einzelnen gereinigten SAAMENKÖRNER, in Kästchen oder Schächtelchen, mit dem nötigen Namen bezeichnet, ein.

Alle Fruchthüllen aber, die so saftig und zart sind, daß ihre Gestalt und Farbe bei der Trocknung und Aufbewahrung verloren geht, müssen durch Wasserfarben nachgemalt oder durch Abgüsse von Wachs, wenn man anders eine vollkommene Sammlung haben will, ersetzt werden. Hierhin gehören Kirschen, Schlehen, Pflaumen, Äpfel, Birnen, Hagebutten u. a. m. Es gibt Künstler in Deutschland, die solche Früchte aufs täuschendste nachahmen können, so z. B. der sonstige Landgräfliche Menagerie-Verwalter SCHILDBACH zu Cassel.

Dieser besaß auch sonst eine in Büchergestallt aufgestellte Holzsammlung, nach all den genannten Teilen, oder eine eigene HOLZBIBLIOTHEK. Der Rücken enthielt die Rinde, die beiden Deckel und die Schnittseite die verschiedenen Holzmassen, inwendig lagen Blüte, Blätter, Knospen, Zweige, Früchte und Samen getrocknet, die Früchte auch wohl in Wachsformen, und auf dem Rücken stand als Titel der deutsche und lateinische Name auf gedrucktem Papiere.

Man hat solche Sammlung auch in mehreren Gegenden Deutschlands nachgeahmt und bietet sie zum Verkauf aus, auch z. B. der Kaufmann BELLERMANN zu Erfurt, und der Pfarrer HUBER zu Ebersberg in Baiern.‟

1905 erschien das von H. Fischbach (s. Kap. 2) verfasste Lehrbuch zur Forstbotanik durch R. Beck (Professor der Forstwissenschaft an der Königl. Forstakademie Tharandt) in der 6. Auflage. Darin wird nochmals ausführlich über die Anlegung einer forstbotanischen Holzsammlung berichtet, die weitere, auch noch hundert Jahre danach beachtenswerte Details vermittelt und deshalb hier zitiert vollständig werden soll:

„Die *Kenntnis der allgemeinen Botanik* bildet die Grundlage für das Studium jeder angewandten, also auch der forstlichen Botanik, da letztere von ihrem einseitigen Standpunkt aus die Mannigfaltigkeit der pflanzlichen Gebilde und namentlich die Vorgänge im Leben der Pflanzen für sich allein keineswegs vollkommen erkennen lässt.

Großen Wert hat die eigene *Beobachtung der lebendigen Pflanze*; sie ist durch die vollständige Sammlung, durch die besten Abbildungen und Beschreibungen nicht zu ersetzen. Nur wer selbst gesehen hat, wie die Knospen sich entfalten, wie sich aus den Blüten die Früchte und Samen herausbilden, nur wer durch eigene Zergliederung der Pflanzenorgane ihren Bau näher kennen gelernt, auch die Pflanzen in ihren verschiedenen Entwicklungsstufen selbst untersucht und bestimmt hat, wird die richtigen Eindrücke empfangen und solche seinem Gedächtnis auf die Dauer einprägen. Bei der Forstbotanik ist dies umso wichtiger, als die nicht immer leicht zu erreichenden Blüten usw. unserer einheimischen Bäume meist unscheinbar und klein sind.

Aus diesen Gründen ist für die Erlangung der Kenntnis unserer Waldbäume die Anlegung eines *Herbariums* unentbehrlich. Man versteht darunter eine Sammlung getrockneter Pflanzen oder Pflanzenteile, welche die bezeichnenden Merkmale einer Pflanzenart leicht und übersichtlich erkennen lässt. Für ein speziell forstbotanisches Herbarium ist das Sammeln von Blüten, Blättern, jüngsten Trieben mit Winterknospen und Blattnarben sowie von Keimpflanzen mit Kotyledonen notwendig.

Bei der *Anlegung einer Pflanzensammlung* ist etwa in folgender Weise zu verfahren: Die frisch gepflückten, in ihrer Form charakteristischen Blütenzweige lässt man ungefähr eine Stunde lang im Schatten welken, entfernt dann diejenigen Zweige, die etwa hindern, die Blüte usw. platt auf den Tisch zu legen, schneidet bei starken Trieben die unter Hälfte der Länge nach weg, legt den Zweig alsdann auf Fließpapier, breitet seine Teile ihrer natürlichen Stellung am Baum gemäß aus und bedeckt das Ganze vorsichtig mit einem ganzen Bogen Fließpapier. Auf den so eingepackten Zweig bringt man eine Lage Fließpapier, worauf ein weiterer Zweig in gleicher Weise eingelegt und bedeckt wird, usf. Schließlich presst man alles zwischen zwei Brettern, anfangs leicht, später stärker, entweder mit Hilfe von Gewichten oder mittels Schraubvorrichtungen (Pflanzenpressen). Das Fließpapier nimmt alsdann das Saftwasser, das von den Pflanzen abgegeben wird, allmählich auf. Um letztere vor Verderbnis zu bewahren, Muss das Papier alle Tage durch trockenes ersetzt werden. Gleichzeitig hilft man beim Umlegen, solange die Pflanzenteile noch weich sind, überall nach, um das Objekt in die richtige Lage und so zur Anschauung zu bringen, wie es sich im Leben zeigt. Schon dabei kommt die Pflanze mit ihren eigentümlichen Formen öfters zu Gesicht, ebenso auch der beizuschreibende Name, und vermag sich dem Gedächtnis fest einzuprägen. Ist die Pflanze trocken, so wird sie mit einer den botanischen und deutschen Namen, Familie, Ordnung, Fundort, Blütezeit usw. enthaltenden Etikette in weißes, festes Papier gebracht. Fiel die Blüte ins erste Frühjahr, so ist später der getrocknete Blätterzweig hinzuzulegen, und endlich wird das Ganze nach irgend einem System geordnet, jede Familie usw. zwischen zwei Pappdecke gelegt und zum Schutz gegen Ungeziefer vielleicht noch in einem gut schließenden, mit Naphthalin desinfizierten Kasten untergebracht.

Beim *Anlegen einer Samensammlung* sind nicht bloß die Samen, sondern auch die Früchte und Fruchtstände als für die Pflanze charakteristisch zu sammeln und möglichst in verschlossenen Gläsern aufzustellen. Saftige Früchte sind vorher zu trocknen und auch nachher vor Feuchtigkeit und Ungeziefer zu schützen, der sie werden in Konservierungsflüssigkeiten (Alkohol, Formalin) aufbewahrt.

Bei der *Anlegung einer Knospensammlung* ist vor allem die Zeit, in der die Knospenzweige geschnitten werden müssen, ins Auge zu fassen. Diese fällt in die Monate November bis Januar. Es ist alsdann danach zu trachten, Blätter- und Blütenknospen zu bekommen, ferner Knospen an Lang- und Kurztrieben, an altem und an jungem Holz, von magerem und üppigem Wuchs, aus sonnigen und schattigem Stande. Die eingetragenen Zweig- und Triebteile heftet man mittels Streifen gummierten Papieres auf Papptafeln übersichtlich auf."

Über die Sammlung von Holz aus den Stämmen der Bäume wird in dieser *Forst-botanik* jedoch nicht berichtet.

In der Broschüre zur „Schildbachschen Holzbibliothek" vom Naturkunde-museum im Ottoneum Kassel ist zum Inneren von zwei Bänden der Vogelbeere zu lesen:

> „Innen: Lebenszyklus der Pflanze
>
> Im hellblau austapezierten Inneren des ‚Buches' ist laut Schildbach: *‚Die ganze Naturgeschichte der Pflanze, besonders der feinern Theile, oder der Ernährungs- und Befruchtungs-Werkzeuge'* dargestellt. So sehen wir einen präparierten Ast mit Blättern und Blüten, an dem paradoxerweise gleichzeitig die verschiedenen Entwicklungsstadien von der Knospe über Blüte, vom Fruchtstand bis zur reifen Frucht hängen. Doch wenn wir uns das Innere mit den Augen Schildbachs ansehen, so erkennen wir, dass ein Kreislauf-schema vom ‚Werden und Vergang' dargestellt ist."

Als Teile der Pflanze sind zu sehen:

Sezierte Blüte, Knospe, Blüte, Fruchtansatz, Frucht, Saatpflanze, Samen, Samengehäuse, Wasserreise, Winterzweig, absterbende Frucht, skelettiertes Blatt.

Und dazu heißt es:

„Um das getrocknete Pflanzenteil ‚lebendig' zu halten, sind – soweit nötig – Knospe, Blüten und Früchte aus Wachs, Stoff und Papier ‚mit kunstfertiger Genauig-keit' nachgebildet."

6.4 Herstellung eines Baum-Herbariums für eine Xylothek

Das Sammeln von der Blüte bis zur Frucht kann sowohl vom Frühjahr bis Herbst erfolgen oder auch umgekehrt im Herbst mit den Früchten und Samen beginnen und dann bereits im Frühsommer mit den voll entwickelten Blätter abgeschlossen werden.

Im Folgenden werden in sechs Beispielen die wichtigsten Waldbäume bzw. das allgemeine Vorgehen zur Anlage einer *Holzbibliothek heute* exemplarisch und aus-führlich mit auch anschaulichen Beschreibungen aus historischen Werken näher vorgestellt.

6.4.1 Das Holzbuch

Nur in seltenen Fällen wird es möglich sein, wie nach historischem Vorbild einen Kasten in Form eines Buches aus dem Holz des betreffenden Baumes herzustellen bzw. herstellen zu lassen.

Daher wird vorgeschlagen, auf kommerziell preiswert erhältliche verschließbare Holzkästen zurückzugreifen, die Rinde auf den Rücken des Kastens zu kleben und im Inneren spezielle Holzproben, am besten aus einer Baumscheibe selbst hergestellt, aufzubewahren.

Ist es jedoch möglich, einen zusammengeleimten Holzkasten nach historischem Vorbild der *Schildbachschen Xylothek* herstellen zu lassen, so werden folgende Holzteile benötigt – z. B. für die Abmessungen 21,7 × 18 × 5,8 cm:

1. Splintholz als *vordere Buchseite* (junges Holz, enthält die Wasserleitbahnen) als eingenuteter Schiebedeckel,
2. Span- oder Spiegelholz (Schnitte senkrecht durch Stamm, zeigt die dem Kern des Baumes zugewandte Seite) als *hintere Buchseite*,
3. Astquerschnitt als *obere Buchseite*,
4. Hirnholz (Querschnitt durch den Stamm) als *untere Buchseite*,
5. Buchrücken aus Rinde (bzw. Holzschnitt mit Rinde), im Original auch mit Algen-, Pilz-, Flechten- und Moosbewuchs
   Auf den Buchrücken wird auch ein Schild mit dem lateinischen und deutschen Namen des Baumes geklebt.
6. *Buchschnitt*, dem Buchrücken gegenüberliegende Seite, aus Kernholz.

Eine preiswerte Alternative bildet die vom Autor verwendete *Schachtel in Buchform*, Größe 21,7 × 18 × 5,8, aus Sperrholz (mit Fenster – s. Abb. 6.11).

(*Bezugsquellen:* creativ company, Holstebro/Dänemark, in Deutschland: Creativ Company Deutschland in Flensburg – www.cchobby.de; Vertrieb auch durch Ritohobby, Duisburg; Art.-Nr. 8–56.757)

Im *ovalen Fenster* auf der Vorderseite, hinter dem sich eine Glasscheibe und ein Pappdeckel befinden, kann beispielsweise das farbige Bild zum jeweiligen Baum aus dem Werk von Otto Wilhelm Thomé: *Flora von Deutschland, Österreich und die Schweiz,* Gera 1885 eingefügt werden, deren Abbildungen gemeinfrei im Internet zu finden sind, bzw. von *Köhler's Medizinal-Pflanzen in naturgetreuen Abbildungen mit kurz erläuterndem Texte,* von Hermann Adolph Köhler (1834–1879; Mediziner und Chemiker), hrsg. von G. Pabst, Gera 1883–1914, im Verlag Franz Eugen Köhler (mit zufälliger Namensgleichheit) oder auch aus *J. Sturm: Deutschlands Flora in Abbildung en* (1798) – s. Abb. 6.12 und 6.13.

Otto Wilhelm *Thomé* (1840–1925), in Köln geboren, war Botaniker, Illustrator und Pädagoge. Er hatte 1862 in Bonn über den Wasserschierling promoviert und wurde 1876 zum Rektor der Bürgerschule in Viersen und 1880 zum Rektor der höheren Bürgerschule in Köln (Spiesergasse) sowie 1882 zum Professor ernannt. Er war 1887 der Initiator des Botanischen Gartens am Vorgebirgstor, der wegen des Ausbaus des Güterbahnhofs Bonntor 1914 am Gelände der Kölner Flora neu eröffnet wurde.

Auf dem *Buchrücken* werden die deutschen und lateinischen Namen des Baumes aufgeklebt, ebenso auf der Vorderseite.

Auf der Rückseite des *Holzbuches* kann auch die Schwarz-Weiß-Abbildung des betreffenden Baumes aus einem der historische Bücher (z. B. aus Fischbachs Forstbotanik, s. Literatur) als Kopie aufgeklebt werden. Außerdem sollte dort eine Übersicht zum Inhalt vorhanden sein.

Auf der Innenseite werden die auf Karton aufgeklebten gepressten *Blätter* sowie *Blüten* eingefügt. Im hinteren Teil der Schachtel können die *Früchte, Samen (in einer kleinen Tüte), Knospe, kleine Astteile (mit Winterknospen)* sowie die *Holzproben* untergebracht werden. Sie werden entweder mit Leim befestigt (Holz) oder mit Streifen von Tesafilm befestigt (Abb. 6.14).

6.4.2   Unterscheidungsmerkmale der wichtigsten Hölzer

Der Forstwissenschaftler Robert Hartig (1839–1901), Sohn von Theodor Hartig, hatte in Berlin studiert, promovierte in Marburg und lehrte zunächst ab 1869 Forstbotanik an der Forstakademie Eberswalde. 1878 übernahm er die Professur für Forstbotanik an der Ludwig-Maximilians-Universität München. 1898 erschien sind grundlegendes Lehrbuch „Die anatomischen Unterscheidungsmerkmale der wichtigeren in Deutschland wachsenden Hölzern", in dem die folgende Systematik über die Struktur der Hölzer enthalten ist (zitiert nach H. Fischbach 1905).

Der *Stamm* eines Baumes ist die verholzte Hauptachse, die aus dem primären (z. B. bei Palmen) oder sekundären Dickenwachstum (Gymno- und Angiospermen; nacktsamige bzw. bedecktsamige Pflanzen) entstanden ist. Er gliedert sich in *Rinde* (Phloem) und *Holz* (Xylem). Die wichtigsten Funktionen sind: Leitung von Wasser, Nährsalzen und Assimilaten; Speicherung von Reservestoffen, mechanische Festigung eines Baumes.

Markstrahlen sind die Verbindungen zwischen Mark und Rinde, d. h. Grundgewebsstränge (Markstrahlenparenchym), die den Stofftransport in radialer Richtung ermöglichen.

A. Nadelhölzer
   a) ohne Harzkanäle.
      1. Kernholz nicht gefärbt: *Abies* (Tannen).
      2. Kernholz gefärbt: u. a. *Taxus* (Eiben), *Juniperus* (Wacholder), *Cupressus* (Zypressen).
   b) mit Harzkanälen: *Picea* (Fichten), *Pinus* (Kiefern), *Larix* (Lärchen).
B. Laubhölzer
   a) Gefäße des Frühjahrsholzes (Frühholz) sehr groß (*ringporige* Hölzer).
      1. Gefäße des Herbstholzes gleichmäßig zerstreut: *Fraxinus* (Eschen), *Morus* (Maulbeerbäume), *Robinia* (Robinien).
      2. Gefäße des Herbstholzes (Spätholz) in peripherischen Wellenlinien: *Ulmus* (Ulmen).
      3. Gefäße des Herbstholzes in radial verlaufenden oder dendritischen Gruppen:

   Quercus (Eichen), *Castanea* (Kastanien).

   b) Gefäße im Frühjahrsholze nicht größer, aber zahlreicher als im übrigen Jahresringe:
      1. mit deutlichen Markstrahlen: *Prunus* (Steinobstgewächse),
      2. mit undeutlichen Markstrahlen: *Rhamnus* (Kreuzdorngewächse), *Rhus* (z. B. Essigbaum).

c) Gefäße im Frühjahrsholze nicht größer und nicht zahlreicher als im übrigen Jahresring.

1. Gefäße sehr groß: *Juglans* (Walnüsse).

2. Gefäße kaum erkennbar:

‹) Markstrahlen zahlreich und breit: *Platanus* (Plantanen).

®) Markstrahlen teilweise breit, teilweise kaum sichtbar: *Fagus* (Buchen), *Carpinus* (Hainbuchen), *Corylus* (Haselnuss).

©) einzelne breite Scheinmarkstrahlen: *Alnus* (Erlen).

™) Markstrahlen sehr deutlich: *Acer* (Ahorn), *Tilia* (Linden), *Sambucus* (Holunder), *Ilex* (Stechplamen).

∑) Markstrahlen nicht oder kaum bemerkbar: *Pyrus* (Birne), *Sorbus* (Mehlbeeren),

Betula (Birken), *Aesculus* (Rosskastanien), *Populus* (Pappeln), *Salix* (Weiden)."

An diese, hier mit Ergänzungen versehene Übersicht, schließt sich eine noch heute lesenswerte, weil verständliche (ohne allzu viele Fachausdrücke) und anschauliche, auf die wichtigsten Baumarten bezogene allgemeine Beschreibung eines *Holzkörpers* an:

„Im zentralen Teil des Holzkörpers befindet sich der mit dem *Mark* ausgefüllte *Markkanal,* dessen Durchmesser bei den einzelnen Holzarten sehr verschieden ist. Sehr weit ist der *Markkanal,* z. B. bei Ahorn, Roßkastanie, Nußbaum, Esche, Robinie, Weide, Holunder, sehr dünn hingegen bei Fichte, Kiefer, Eiche, Ulme, Buche, Hornbaum [*Cornus:* Hartriegel]. Seine Gestalt ist meist zylindrisch, manchmal prismatisch. So erscheint er auf dem Querschnitte bei Birke dreieckig, bei Eiche fünfeckig. Jugendliches Mark ist safterfüllt und meist grünlich gefärbt, älteres trocken und meist weiß oder braun. Bei einzelnen Holzgewächsen erleichtert die Farbe des Markes die Unterscheidung der Arten im blattlosen Zustande, z. B. hat *Sambucus nigra* [Schwarzer Holunder] weißes, *S. racemosa* [Hirsch-/Traubenholunder] gelbbraunes Mark.

Die den Holzköper umschließende Rinde besteht, abgesehen von der anfänglich vorhandenen, aber bei den meisten Holzarten sehr bald abgestoßenen Oberhaut (Epidermis) aus zwei verschiedenen Gewebeschichten, der *Innenrinde* oder der *Bast* und der *Außenrinde.*

Die *Innen-* oder *sekundäre Rinde* ist dem Holzkörper zunächst benachbart. Wie durch den Prozess der Zellteilung im Kambium des Leitbündelkreises alljährlich ein neuer Holzring nach innen zu entsteht, wird jedes Jahr in gleicher Weise ein neuer Bastring nach der älteren Rinde zu abgeschieden. Die aneinander gelagerten Bastschichten entsprechen also den Jahresringen des Holzkörpers, nur sind beim Bast im Gegensatz zu jenen die nach innen gelegenen Schichten die jüngeren.

Den Hauptbestandteil der Innenrinde bilden die mit Protoplasma angefüllten, dünnwandigen *Siebröhren* oder *Bastgefäße.* Neben ihnen finden sich stets aus Parenchymzellen bestehendes *Bastparenchym* oder sehr oft dickwandige *Bastfasern,* die namentlich bei der Linde in reichlichem Maße sich ausbilden und hier behufs technischer Verwertung als Bast dadurch gewonnen werden, daß man die zur Saftzeit vom Baum abgelöste Rinde einige Wochen lang ins Wasser legt, wodurch sich die der Fäulnis widerstehenden Bastfasern loslösen.

Die aus zum Teil chlorophyllhaltigen Parenchymzellen bestehende *Außenrinde* vermag sich durch Zellvergrößerung und Zellvermehrung entsprechen der durch das Wachstum des Holzkörpers bedingten Umfangszunahme des Stammes auszudehnen.

Je länger diese Ausdehnungsfähigkeit anhält, um so länger bleibt die Rinde glatt und geschlossen, so bei Weißerle und Rotbuche. Bei den meisten Bäumen aber bilden sich in den älteren Rindenteilen Schichten von Korkzellen. Dadurch werden die nach außen zu gelegenen Rindenregionen zum Absterben gebracht und in *Borke* umgewandelt. Je nach der Art des Auftretens der Korkschichten nimmt die infolge des Dickenwachstums des Stammes der Länge und Quere nach aufreißende Borke sehr verschiedene Formen an. Bei vielen Bäumen sondert sich abgestorbene Rinde in Schuppen ab (Schuppenborke), die bei Eiche und Kiefer sehr fest am Stamm haften, während sie sich bei Platane, Bergahorn und Eibe in größeren scharf begrenzten Platten loslösen. Andere Holzarten, z. B. Birke, Kirsche bekommen eine horizontale Faserung, sogenannte Ringborke." (Abb. 6.15)

6.4.3 Konservierungsmaßnahmen

Blätter

Zum *Trocknen* und *Konservieren* herbstlicher Blätter:

Bei der Auswahl der Blätter sollte man darauf achten, dass noch Teile der Blätter nicht braun sondern noch grün bis gelb gefärbt sind. An vielen Blättern kann man alle drei Phasen gleichzeitig beobachten und daher sollte man spezielle nach solchen Blättern im Frühherbst suchen. Die Erklärungen zu diesem Phänomen der *Herbstfärbung* s. in Kap. 3.

Eingerollte, trockene Blätter werden zunächst in einer Schale solange gewässert, bis sie sich entfalten lassen. Sie würden sonst beim Pressen zerbrechen. Danach werden sie zunächst zwischen Haushaltspapier abgetrocknet und dann in einer Blätter- bzw. Pflanzenpresse mehrere Tage zwischen saugfähigem Papier gepresst und getrocknet (Abb. 6.16).

Als *Pflanzenpressen* wurden verwendet (Fa. Arnulf Betzold GmbH, Ellwangen):

- „Blumen-Presse" 13 × 13 cm, 2 MDF-Platten, 4 Schrauben mit Unterlegescheiben und Flügelmuttern, 4 Karton- und 4 Saugpapier-Blätter
- „Blumen- und Blätterpresse Perfekt für Baumtagebücher..."
  Maße: (H x B x T) 4 × 14,5 × 14,5; Material: mitteldichte MDF-Faser, Metall, Karton (mit Saugpapier, presst 8 Etagen gleichzeitig).
- „Riesen-Blumenpresse, ermöglicht das Pressen größerer Pflanzenteile"

(bestehend aus: 2 MDF-Platten 26 × 32 cm, 8 Schrauben und Flügelmuttern, 6 Kartonblätter und 12 feuchtigkeitsabsorbierende Einlegepapiere).

(MDF: mitteldichter Holz-Faserplatte – klassisch aus Kiefer, Fichte oder Buche, heute auch aus Birke, Pappel, Akazie u. a. mehr; Zusammensetzung: 80–83 % Holz, 9–10,5 % Leim (Urea-Formaldehyd-Leim, Harnstoff-Harze, Emissionsklasse E 1), 0,5–2,5 Zusatzstoffe, 6–8 % Wasser.)

Zur Konservierung von Herbstlaub wird auch empfohlen, die Blätter nur kurz vorzutrocknen und sie anschließend in verflüssigtes Bienenwachs einzutauchen, oder sie zwischen paraffingetränktes Papier zu legen und mit einem mäßig heißem Bügeleisen mehrmals darüber zu streichen. (I. Gabriel).

Nach dem Trocknen werden die Blätter auf Karton (Aquarell-Papier 300 g/qm) mithilfe von 1–2 kleinen Streifen Tesafilm befestigt und mit Klarsichtfolie (z. B. von einer Rolle 70 × 500 cm) so überzogen, dass ein schmaler Teil der Folie auf der Rückseite des Kartons mit ebenfalls wenigen Streifen Tesafilm befestigt werden kann. In dieser Form haben sich über 100 Pflanzen im Herbarium des Autors aus seiner Jugend (1956/57) mehr als 60 Jahre gut (auch die meisten Blütenfarben) bis heute erhalten.

Es sollte jeweils ein Blatt mit Vorder- und ein Blatt mit der Rückseite zu sehen sein.

Zusätzlich können von größeren Blättern auch die *Blattskelette* gewonnen werden. Ohne eine chemische Behandlung erhält man sie dadurch, dass sie im Spätherbst für längere Zeit im Freien in Wasser gelegt der natürlichen Fäulnis ausgesetzt werden.

Man wartet solange (einige Wochen sind allgemein erforderlich), bis sich das Blattgewebe weitgehend vom Skelett gelöst hat. Den Rest entfernt man unter Wasser auf dem Boden einer Schale aufliegend mithilfe eines Borstenpinsels. In manchen Anleitungen zum Pflanzensammeln wird auch das Bleichen der Blattskelette in 3 %igem Wasserstoffperoxid empfohlen, wonach sie besonders vorteilhaft auf schwarzem Papier aufgeklebt werden können. Das häufiger vorgeschlagene, beschleunigte Entfernen des Blattgewebes in einer kochenden Lösung von Natriumcarbonat (Waschsoda) wird nicht empfohlen, da es die feineren Blattskelette in der Regel zu sehr aufweicht oder sogar zerstört.

Blattskelette herzustellen lohnt sich nur von großen Blättern mit deutlich sichtbaren, starken, d. h. verholzten Blattnerven. In den meisten Fällen sind die Blattnerven gut auf der Rückseite eines Blattes sichtbar und können mithilfe einer Lupe in ihrer gesamten Struktur betrachtet werden.

Bei der Auswahl der Blätter sollten folgende Gesichtspunkte beachtet werden:

1. Von den *grünen Blättern* wird stets ein Blatt mit Vorder- und eines mit der Rückseite aufklebt.
2. Von den *Herbstblättern* sind besonders diejenigen interessant, auf denen die Übergänge der Herbstfärbung, des Chlorophyllabbaus sichtbar sind – von grün über gelb bis braun oder rot.
3. Auch das *Herbstlaub* nach einem vollständigen Chlorophyllabbau – in der Regel gelbbraun gefärbt – sind für eine Sammlung von Interesse.

Sie alle werden wie oben beschrieben gepresst, auf Karton aufgeklebt, der mit einer Klarsichtfolie überzogen wird.

Früchte/Samen

In der letzten Ausgabe von Stehlis „Pflanzensammeln – aber richtig" ist zu „Samen und Früchte – bunt und vielgestaltig" u. a. zu lesen:

„Mit Früchten und Samen der Blütenpflanzen eröffnet sich dem Pflanzenfreund ein Arbeitsgebiet besonderer Art, das bei näherer Betrachtung selbst dort eine Fülle von

Formen, Farben und Strukturen offenbart, wo wir sie auf den ersten Blick nicht vermuten." Es wird empfohlen, bei fleischigen und saftigen Früchte die Samen vom Fruchtfleisch zu befreien und sorgfältig auf einem Sieb auszuwaschen, dann zum Trocknen auf eine Glasplatte zu legen (auf Fließpapier würden sie leicht verkleben) und eine gute Nachtrocknung sei alles, was zu eine Konservierung notwendig sei. Zur Aufbewahrung der Samen werden Cellophantüten oder auch verschließbare Gläser bzw. Röhrchen empfohlen.

Dieser Hinweis gilt jedoch nicht für das Fruchtfleisch. Ein Schutz gegen das Austrocknen (und auch einen Schimmelbefall) ist beispielsweise durch das Überpinseln mit Leinöl möglich. Von einigen Autoren wird auch das Übersprühen mit Haarspray empfohlen.

Zum Trocknen kann auch der Einsatz einer Mikrowelle gefahrlos erprobt werden. Das Beispiel einer Kastanienschale zeigte jedoch, dass dabei stellenweise auch braune Verfärbungen auftreten kann, was auf chemische Reaktionen zurückzuführen ist, aber in der Natur auch nach einiger Zeit erfolgt."

Blüten

Zur Vorbereitung von Blüten und Blütenständen ist die Verwendung eines sogenannten *botanischen Präparier-* oder *Taschenbestecks* sehr nützlich. (Abb. 6.17) Es wird u. a. von der Fa. Fiebig Lehrmittel in Berlin angeboten.

Die Trocknung erfolgt wie für Blätter beschrieben. Zur Differenzierung von Blütenständen sei auf die Angaben im Abschnitt „1.8 Holzsammlungen heute" hingewiesen, wozu auch die differenzierten Beschreibungen zu den folgenden Baumarten Anhaltspunkte liefern. Seziermesser, Pinzette und Präpariernadeln sind bei der Vorbereitung vor dem Trocknen sehr hilfreich.

Zur Betrachtung und Beschreibung der kleineren Pflanzenteile – Blüten und deren Teile, Samen, Knospen, auch Blätter und Nadeln – empfiehlt sich ein auch vom Autor erprobtes *Auflicht-Mikroskop*, z. B. zur anschaulichen Darstellung auf einem Bildschirm als *Digital-Mikroskop* (mit USB-Anschluss an Laptop oder Computer). Damit lassen sich die Details, die in den historischen Texten für die jeweiligen Pflanzenteile der Bäume in Kap. 3 und 4 zitiert wurden, besonders gut verifizieren. In der Regel reichen Vergrößerungen um das 50fache, womit auch die Oberflächen von Holzspänen sowie Rinde betrachtet werden können. In der Abb. 6.18 ist die Oberfläche der Spindel eines Fichtenzapfens zu sehen. Verwendet wurde das „Toolcraft DigiMicro Lab5.0 USB Mikroskop" (mit 5.0 Mio. Pixel Kamera) (Abb. 6.19).

Holzproben

Ingrid Gabriel empfiehlt, „keilförmige Ausschnitte von dickeren Ästen oder Baumstämmen und zwar von Mitte ausgehend bis zur Rinde" zu verwenden. Auf diese Weise könne man sowohl Querschnitt, Längsschnitt als auch Rinde betrachten. Sie schlägt vor, von den gleichen Flächen des Holzstückes die eine nur glatt zu hobeln, die andere aber zu polieren. Dazu wird diese Fläche zunächst mit Glas(Schmirgel)papier geglättet. Dann solle man verflüssigtes *Bienenwachs* auftragen – entweder mithilfe eines Wattebausches oder eines Borstenpinsels.

Darüber hinaus wird noch die Herstellung eines *ganz dünnen abgehobelten Holzspans* vorgeschlagen, an dem (eingelegt in eine Plastiktüte/-tasche, z. B. für Münzen gebräuchlich) man die Holzmasserung in allen Einzelheiten (eventuell mittels einer Lupe aus dem botanischen Präparierbesteck – Abb. 6.18 – bzw. unter dem Digital-Mikroskop, s. o.) betrachten könne.

Rindenstücke

Die Rinde ist zwar bereits am beschriebenen Holzstück vorhanden, sollte für den Buchrücken jedoch noch als angepasstes Rindenstück verwendet werden. Dazu wird von Ingrid Gabriel vorgeschlagen, im zeitigen Frühjahr ein Rindenstück von dem Baumstamm abzuschälen, in Wasser einzuweichen und falls sich die Rinde rolle, es anschließend zwischen Löschpapier unter Druck zu trocknen (wie bei den Blättern beschrieben). Gegen Insektenfraß wird die Anwendung von *Quassiatinktur* (aus dem Bitterholzgewächs *Quassia amara,* in jeder Apotheke erhältlich) empfohlen, die mit einem Pinsel aufgetragen wird.

Knospen

Für die Sammlung werden gut entwickelte Zweigspitzen, die möglichst auch den vorjährigen Trieb, Blatt- und Blütenknospen zeigen, abgeschnitten. Dickere Zweige können halbiert werden und Schnitte quer oder längs durch die Knospen können gesammelt, unter leichtem Druck gepresst und in Folientütchen aufbewahrt werden.

Zu einer genaueren Betrachtung von Knospen im Baumherbarium möge der folgende ausführliche Text aus der „Forstbotanik" (1905) von H. Fischbach anregen:

„Mit *Knospe* (gemma) bezeichnet man die Anlage zu einem künftigen Laub- oder Blütensproß; sie schließt die noch unentwickelten, dicht aufeinanderliegenden Blätter, unter Umständen auch die Blüten- und außerdem die noch ganz verkürzten Achsenteile, welche die kegelförmige *Knospenachse* bilden, ein. Man unterscheidet Blatt-, Blüten- und gemischte Knospen.

Die *Stellung der Knospen am Zweig* ist von besonderer Wichtigkeit, zumal für die Erkennung der Art im unbelaubten Zustand. Die Knospen stehen entweder an der Spitze der Triebe (Terminal- oder *Endknospen*) oder aber an der Seite derselben (Lateral- oder *Seitenknospen*). Letztere entwickeln sich meist in der Achsel der Laubblätter (*Axillarknospen*) und folgen denselben in der Stellung., doch so, dass sie entweder senkrecht über die Blattstielnarbe stehen (Hainbuche) oder seitwärts derselben (Buche); in diesem Fall sind sie abwechselnd nach rechts und nach links gerichtet.

Die meisten Holzarten schließen ihre vegetativen Sprosse alljährlich mit einer Knospe ab (*Knospenschluß*), einzelne (*Morus, Robinia*) [= Maulbeerbaum, Robinie] gelangen in unserem Klima aber nicht dazu; ihr durch den Winter unterbrochenes Wachstum ist deshalb auf die Entfaltung von Seitenknospen beschränkt.

In unmittelbarer Nähe der Axillarknospen stehen bei manchen Pflanzen sogenannte *Beiknospen*; dieselben sind meist kleiner als die Achselknospen, oft aber deutlich erkennbar und für die einzelne Art bedeutsam; sie stehen entweder senkrecht über den Hauptknospen (*Carpinus*) [=Hainbuche] oder unter denselben (*Fraxinus*) [=Esche] oder zu ihrer Seite (*Robinia, Crataegus* [=Weißdorn]).

Weiter unterscheidet man noch die *schlafenden Augen-* oder *Proventivknospen.* Nicht alle Knospen, die sich in den Blattachseln ausbilden, kommen zur Entfaltung; gleichwohl sterben sie nicht alsbald ab, sondern leben noch viele Jahre lang fort, um vielleicht späterhin, wenn der über ihnen stehende Stammteil abgehauen oder beschädigt worden ist, infolge reichlicherer Ernährung oder stärkerer Lichteinwirkung zur Entwicklung gelangen. Auf der Entwickelungsfähigkeit der Proventivknospen nach langjähriger Ruhe und auf der Möglichkeit, Adentivknospen zu treiben, beruht die Ausschlagfähigkeit der Laubhölzer, auf der mehrere forstliche Betriebsarten (Niederwald, Kopfholzwirtschaft) begründet sind.

Unter *Neben-* und *Adentivknospen* versteht man Knospen, die weder an der Spitze der Triebe noch in den Blattachseln zur Entwicklung kommen, sondern ohne Regelmäßigkeit an der Seite der Triebe erscheinen. Sie entstehen hauptsächlich in den infolge von Verletzungen entstandenen Überwallungen und geben Veranlassung zur Bildung von Stockausschlag an Stöcken gefällter Bäume…"

Nadelhölzer

(Siehe Abb. 6.20)

Beim Pressen verlieren Nadelhölzer oft ihre Nadeln. Deshalb werden sie vor dem Einlegen in die Pflanzenpresse für etwa 15 min in kochendes Wasser getaucht. Danach werden sie auf ein Tuch oder auf Löschpapier gelegt, trocken getupft und erst dann unter mehrmaligem Umlegen in der Presse getrocknet. (D. Grappendorf).

Beim diesem Verfahren verlieren die Nadeln jedoch nach eigenen Erfahrungen an Farbe.

Für das *Baumherbarium* ist das Pressen nicht erforderlich. Aststückchen mit Nadeln werden eingelegt und mit Tesafilm befestigt. Nadeln einzeln in Tüten eingefügt.

Auch kann das Verfahren Einsprühens der Nadeln mit einem Haarspray zur Konservierung erprobt werden, das im Vergleich zum Erhitzen in kochendem Wasser (zur Inaktivierung von Enzymen) bessere Ergebnisse erbrachte, da die grüne Farbe erhalten bleibt. Fallen nach längerer Zeit bzw. nach häufigeren Öffnen und Benutzen des Baumherbariums jedoch Nadeln ab, so kann jederzeit vom immergrünen Baum ein neues Stückchen Ast mit Nadeln eingelegt werden.

Im Vorwort wurde von der Ausstellung im Museum Wiesbaden im Jahr 2020 mit dem Titel *Bibliothek der Bäume* berichtet. Die Abb. 6.21 und 6.22 zeigen vier Exemplare der Baumbücher des Autors für Eichen (Stiel- und Trauben-), Rotbuche, Fichte und Tanne sowie Kiefer – als Beginn einer modernen Xylothek.

Forstbotanische Gärten und Arboreten in Deutschland

7

(nach Bundesländern geordnet)

Inhaltsverzeichnis

7.1 Baden-Württemberg

- *Arboretum und Lehrgarten der Hochschule für Forstwirtschaft Rottenburg* (Neckar):

1954 entstand zugleich mit der Landesforstschule Schadenweilerhof als Ausbildungsstätte für den Revierförsternachwuchs in Baden-Württemberg auch das Arboretum, das der Öffentlichkeit und zur Umweltpädagogik zugänglich ist. Im Internet sind über die Webseite der Hochschule sowohl eine Liste der Baum- und Straucharten (über 160 Gehölzarten) im Arboretum als auch eine Karte als pdf-Dateien verfügbar.

- *Landesarboretum Baden-Württemberg Stuttgart-Hohenheim* (Exotischer Garten im Hohenheimer Landschaftsgarten als Teil der Hohenheimer Gärten) Auf einer Fläche von 16,5 ha befinden sich etwa 2450 verschiedene Laub- und Nadelgehölzarten, Varietäten und Formen als Lehr- und Anschauungs- objekte von Studierenden von Universitäten und Fachhochschulen sowie Schülern der Hohenheimer Gartenbauschule sowie auch für Führungen im Rahmen der Erwachsenbildung. Die Ursprünge des Landesarboretums lassen sich auf die Zeit zwischen 1776 bis 1793 zurückführen, als Herzog Carl Eugen von Württemberg auf einem 21 ha großen Gelände südwestlich des Schlosses Hohenheim einen Englischen Landschaftspark anlegen ließ. 1783 sind 120 Baum- und Straucharten nachweisbar, ab 1793 war er auch der Öffentlichkeit zugänglich.

7.2   Bayern

- *Bayerisches Landesarboretum (,,Weltwald")* bei Freising: Es entstand auf der 1883 vom Staat erworbenen Wüstung des Ortes Oberberghausen im Kranz- berger Forst zwischen Freising und Kranzberg. Ab 1900 wurde das Gebiet aufgeforstet u. a. neben Fichten auch mit einigen exotischen Bäumen wie Douglasie und Weymouth-Kiefer. Der Ausbau zu einem Arboretum erfolgte ab 1987, das 2011 unter dem Namen *Weltwald* für die Öffentlichkeit geöffnet wurde. Es wurden auf einer Fläche von 100 ha Rundwege und Informations- pavillons angelegt. Die Anordnung der Bäume erfolgte nach deren Herkunft mit Sondergebieten für Pappeln, Weiden und Rosengewächsen. Im Zentrum befindet sich das *Botanicum,* wo Bäume und Büsche nach botanischen Kate- gorien (biosystematisch) geordnet sind.

7.3   Berlin

- *Späth-Arboretum* im Ortsteil Baumschulenweg des Bezirks Treptow-Köpenick: Es umfasst 3,5 ha und geht auf die Gärtnerei von Franz Ludwig Späth (1839– 1913; Gärtner, Pomologe, Botaniker) zurück und gehört heute zur Humboldt- Universität. Späth schuf um 1900 auf 225 ha die weltweit größte Baumschule. Heute befinden sich hier über 4000 Pflanzensippen und war schon ab 1966 in den Sommermonaten an einigen Wochentagen öffentlich. Das Arboretum liegt in einem ehemaligen Sumpf- und Heideland der Königsheide. Der Gehölz- park weist 1200 Wildarten sowie auch gärtnerische Sorten von Bäumen und Sträuchern auf. Das Arboretum befindet sich westlich des erhaltenen Späthschen Herrenhauses (heute Institutsgebäude der Humboldt-Universität) zwischen dem Heidekampgraben und der Späthstraße. Es ist in 32 Sektionen aufgeteilt.

- *Arboretum Berlin-Dahlem:* Es ist mit 13,9 ha Teil des Botanischen Gartens Berlin-Dahlem (44 ha), Königin-Luise-Straße 6–8, der Freien Universität Berlin. Das Grundkonzept stammt von dem ersten Direktor Adolf Englers (1844–1930). Die etwa 1800 Baum- und Straucharten sind gattungs- und familienweise zusammen angepflanzt. Sie stammen aus 263 Gattungen und 80 Familien (Nacktsamer 7 Familien, Bedecktsamer 73 Familien). Ein Spaziergang durch das Arboretum wird als eine Reise durch die Erdgeschichte bezeichnet. Er beginnt mit einer Gruppe der Koniferen und Ginkgogewächse, den sogenannten Nacktsamern (Gymnospermen – 25 Gattungen). Sie zählen zu den ältesten Samenpflanzen mit einer Entwicklungsgeschichte über einen Zeitraum von etwa 280 Mio. Jahren. Jünger sind die Bedecktsamer (Angiospermen – 238 Gattungen) mit 150 Mio. Jahren. Gattungsschilder informieren den Besucher über Größe der Sträucher und Bäume sowie deren Verbreitung.

7.4 Brandenburg

- *Forstbotanischer Garten* in Eberswalde: Er befindet sich am südlichen Stadtrand (am Zainhammer, einer ehemaligen Schmiede) und gehört zur heutigen Hochschule für nachhaltige Entwicklung Eberswald. Er wurde 1830 zusammen mit der Königlichen Preußischen Höheren Forstlehranstalt Eberswalde gegründet. Der Forstwissenschaftler Friedrich Wilhelm Leopold Pfeil (1783–1859) verlegte mit Unterstützung von Wilhelm von Humboldt die Forstakademie von Berlin nach Eberswalde. Die als *Pfeil's Garten* bezeichnet erste Anlage befindet sich gegenüber des heutigen Haupteingangs. Der Forstinspektor Bernhard Dankelmann (1831–1901) legte danach zwischen 1868 und 1874 den größten Teil des heutigen Gartens an. 1835 wurden 600 Gehölzarten verzeichnet, heute sind es etwa 1200 aus allen Ländern der Welt. Er gliedert sich in Solitär- und Kleinbestands-Arboretum. Die Forstwissenschaftliche Fakultät Eberswalde wurde 1963 geschlossen, die Ausbildung nach Tharandt (s. u. Sachsen) verlegt. Der Forstbotanische Garten wurde dem Institut für Forstwissenschaften Eberswald zugeordnet.

7.5 Hamburg

- *Arboretum Campus Bergedorf* (Leuschnerstr. 91): Es gehört mit einer Fläche von etwa 10 ha zum Johann Heinrich von Thünen-Institut (s. dort) und wird für Lehre und Forschung forst- und holzwirtschaftliche genutzt. Es wurde 1964 angelegt, enthält jedoch deutlich ältere Bäume, die aus einem dort zuvor gelegenen Gutshof stammen. Das Arboretum ist in geografische Regionen eingeteilt und weist im Südosten auch einen baumkundlichen Lehrpfad auf. Im Süden befinden sich acht Forschungsgewächshäuser. Insgesamt beheimatet die Anlage etwa 1570 Arten und Varietäten aus 126 Familien aller Erdteile.

7.6   Hessen

- *Akademischer Forstgarten* in Gießen

Er liegt im Schiffenberger Wald unterhalb des Klosters auf dem Schiffenberg im Süden der Stadt. 1777 entstand an der Universität Gießen (1607 gegründet) eine Ökonomische Fakultät, in der als einer der ersten Studenten Georg Ludwig Hartig verzeichnet ist. Hartig wurde 1811 Oberlandforstmeister in Preußen wurde und 1821 einen Lehrstuhl für Forstwissenschaft an der Berliner Universität schuf, aus dem später die Forstliche Hochschule Eberswalde entstand. 1800 wurde dem Botanischen Garten in Gießen ein forstbotanischer Teil hinzugefügt. 1938 wurde das Forstinstitut (zugunsten von Göttingen) aufgelöst. Im Forstgarten heute befinden sich noch über 200 verschiedene Baum- und Straucharten; er ist seit 1985 öffentlich zugängig.

- *Bergpark Wilhelmshöhe*

Im 17. Jahrhundert befand sich am Ort des heutigen Bergparks ein bewaldeter Hang des Habichtswaldes fünf Kilometer westlich der Stadt Kassel. Ab 1785 ließ Landgraf Wilhelm IX. (später Kurfürst Willhelms I. von Hessen-Kassel) einen Landschaftspark zwischen Schloss Weißenstein und Kaskaden (Wasserspiele von 1714) anlegen. Das alte Schloss wurde ab 1786 abgerissen und durch Schloss Wilhelmshöhe ersetzt. Der heutige Park weist eine komplexe Topografie auf. Der Bergpark weist vor allem Gehölze auf. Er beginnt am westlichen Ende der Wilhelmshöher Allee/Ecke Mulangstraße (231 m) und endet auf dem Plateau des Karlsbergs (525 m).

7.7   Mecklenburg-Vorpommern

- *Arboretum des Botanischen Gartens* der Universität Rostock

Der Botanische Garten der Universität befindet sich an der Schwaanschen Straße. Er wurde in den 1930er Jahren im weiteren Auenbereich des Kayenmühlengrabens angelegt – damals noch vor den Toren der Stadt. Heute liegt er in unmittelbarer Nachbarschaft des Komponisten- und des Hansaviertels in einer Innenstadtlage. Im Arboretum sind etwa 2900 Gehölarten vorhanden, 900 Laub- und 200 Nadelbaumarten.

7.8   Niedersachsen

- Arboretum *WeltWaldHarz* (Bad Grund)

In dem etwa 100 ha umfassenden parkartigen Wald haben seit 1975 Mitarbeiter des Niedersächsischen Forstamtes Riefenbeek einen der größten Baumgärten Deutschlands angelegt, in dem über 11.000 Gehölze aus allen Ländern der Welt gepflanzt wurden, von denen fast 5000 überlebten. Ziel ist es, die Wuchseigenschaften fremdländischer Baumarten an das hiesige Klima zu untersuchen. Von zwei Parkplätzen aus (Hübichenstein und Hübichalm) führen Wege in das obere und untere Arboretum, in dem Hinweistafeln die Baumarten und ihre Herkunft erläutern und auch Wegbeschreibungen enthalten.

- *Forstbotanischer Garten* der ehemaligen Forstakademie in Hann. Münden

Er wurde 1870 unter der Leitung des königlichen Gartenmeisters Hermann Zabel (1828–1912), zwei Jahre nachdem aus der Forstschule Münden die Königliche Preußische Forstakademie geworden war. Seit 1972 gehört der Garten zum Forstamt Hann. Münden. Er wurde mehrmals verkleinert, umfasst heute noch 2,5 ha und wurde 1988 als Naturdenkmal unter Schutz gestellt.

- *Forstbotanischer Garten* in Göttingen

Er hat seinen Ursprung in Hann. Münden. 1970/71 wurden die forstwissenschaftlichen Einrichtungen von dort nach Göttingen verlegt. Am Südwesthang des 277 m hohen Fassbergs entstand ein neuer Forstbotanischer Garten der Universität innerhalb der Forstwissenschaftlichen Fakultät. 1982 wurde er unter seinem Gartendirektor Prof. Bartels vom Institut für Forstbotanik getrennt und ist seitdem eine eigenständige Betriebseinheit innerhalb der Fakultät.

- *Arboretum Riddagshausen* bei Braunschweig

Es wurde 1838 als Forstgarten durch Theodor Hartig (Professor an der neu errichteten forstlichen Abteilung des Collegiums Carolinum in Braunschweig) gegründet. Ihm wurden 3 ha in der Buchhorst bei Riddagshausen zu Verfügung gestellt. 1883 wurde das Arboretum um 1,1 ha eines Acker- und Wiesengrundstückes im heutigen Bereich des Grünen Jägers erweitert. Nach dem Zweiten Weltkrieg über nahm nach 1955 die Landesforstverwaltung die Pflege, die 1970 an die Stadt Braunschweig übergegeben wurde. 1998/99 erfolgte mithilfe der Richard-Borek-Stiftung eine Sanierung des Arboretums auf einer Fläche von etwa 2,6 ha, die dem „alten Garten" östlich der Straße nach Klein Schöppenstedt entspricht.

7.9 Nordrhein-Westfalen

- Geografisches Arboretum im *Rombergpark* (Dortmund)

Ursprung des Rombergparks war der englische Landschaftsgarten um das Haus Brünninghausen der Familie des Freiherrn Gisbert Christian von Romberg (1773–1859, Bergbauunternehmer, von 1809–1813 Präfekt des Ruhrdepartements im napoleonischen Großherzogtum Berg) zwischen 1817 und 1824. Die Anlage wurde vom Düsseldorfer Hofgärtner Maximilian Friedrich Weyhe geplant. 1920 erwarb die Stadt Dortmund das Gelände. Der Landschaftspark wurde um einen Botanischen Garten und das Arboretum ergänzt. Der heutige 68 ha umfassende Rombergpark ist im Wesentlichen auf Gehölze (auch ausländischer Herkunft) beschränkt und wird daher auch als Arboretum bezeichnet. Er ist frei zugänglich.

- *Forstbotanischer Garten Köln* (Rodenkirchen)

Er umfasst ein Gelände von etwa 25 ha und liegt im Süden der Stadt als Teil des äußeren Kölner Grüngürtels. Bis zum Ersten Weltkrieg gehörte das Gelände zum äußeren Festungsring von Köln. Mitte der 1950er Jahren wurden nach Ideen Adenauers (aus seiner Zeit als Oberbürgermeister von Köln nach dem Ersten Weltkrieg). Mit der Anlage als forstbotanischer Garten wurde im Herbst 1962 begonnen mit dem Ziel, Fachleuten der Botanik aber auch Laien und Gartenfreunden eine große Artenvielfalt zu bieten. Neben der Bäumen und Gehölzen der Region sind auch fremdländische Gewächse angepflanzt worden – und so ist dort ein nordamerikanischer Laubwald, kalifornische Mammutbäume, ein japanischer Wald, ein fremdländischer Mischwald zu besichtigen. Zu den einheimischen Bäumen zählen u. a. Eichen, Esskastanie, Walnuss, Birken, Ahorn, Tannen, Fichten und Kiefern.

7.10   Rheinland-Pfalz

- *Arboretum Koblenz.*

Es wurde offiziell auf dem Gelände des Hautfriedhofs im Stadtteil Goldgrube an der Beatusstraße mit heute mehr als 220 Baumarten aus aller Welt 1992 anlässlich der 2000-Jahr-Feier der Stadt eingeweiht. Am Eingangsbereich wurde eine 2000 Jahre alte Mammutbaumscheibe aufgestellt. Die ersten Pflanzungen auf dem 4,5 ha großen Gelände stammen aus dem Jahr 1971. Ein Baumlehrpfad zieht sich über den östlichen Hang des Friedhofsgeländes bis zur Karthause hinauf.

7.11   Sachsen

- *Forstbotanischer Garten Tharandt*

1811 wurde er durch Johann Adam Reum (1780–1839) und Heinrich Cotta (1763–1844 an dessen zunächst privater Forstlehranstalt, aus der 1827 die Königlich-Sächsische Forstakademie Tharandt entstand, gegründet. 1875 wurde der noch heute gültige Plan einer Anlage von systematischen-botanischen Quartiere. Seit 2001 wurde der Forstgarten zum Sächsischen Landesarboretum. Der östliche historische Teil und der westliche nordamerikanische Teil mit einer Gesamtfläche von 15,4 ha werden durch den Zeisiggrund getrennt. Er gehört organisatorisch zur TU Dresden.

7.12 Schleswig–Holstein

• *Arboretum Tannhöft* (Großhansdorf)

Die 22 ha große Anlage, 25 km nördlich von Hamburg, wurde ab 1908 durch den damaligen Besitzer, den Hamburger Reeder George Henry Lütgens (1856–1928), angelegt. 1928 ging es an die Stadt Hamburg. Nach 1948 wurde es von der damaligen Zentralanstalt für Forst- und Holzwirtschaft und heute im Bundesbesitz vom Thünen-Institut für Forstgenetik genutzt. Das Arboretum mit Weiher und Felsenpartie sowie das Herrenhaus stehen seit 2002 unter Denkmalschutz. In einem Teil des Arboretums ist eine Sammlung von Espen, Buchen, Lärchen, Fichten, Kiefern und Birken für wissenschaftliche Zwecke angelegt.

7.13 Thüringen

• *Arboretum* im Stadtteil *Dreißigacker* von Meiningen

In einer kleinen Parkanlage werden seit 2006 die *Bäume des Jahres* angepflanzt – von der Stieleiche 1989 bis zur Winterlinde 2016 (Stand 2016: 28 Bäume). In Dreißigacker befand sich von 1801 bis 1843 auch die erste Forstakademie Thüringens, zu deren erstem Direktor Johann Matthäus Bechstein (1757–1822) berufen wurde.

• *Arboretum Bad Langensalza*

Die Gartenanlage geht bis auf den Klostergarten des Augustiner Eremitenklosters im 13. Jahrhundert zurück. Nach der Schlacht bei Langensalza 1866 entstand hier ein Ehrenfriedhof. Ab 1996 erfolgte dann an der Tuchmachergasse eine Umgestaltung zum Arboretum mit 130 Baumarten, nach der aktuellen Pflanzensystematik geordnet mit Informationen anhand von Lehrtafeln.

Literatur

Zur Geschichte der Xylotheken

FEUCHTER-SCHAWELKA, A.: Carl Schildbachs „Holzbiliothek nach selbstgewähltem Plan" von 1788. Eine „Sammlung von Holzarten, so Hessenland von Natur hervorbringt", Stadt Kassel (Hrsg.), Naturkundemuseum (2001)

Lenz, A. IX: Die sogenannte Holzbibliothek im Museum in Kassel, Zeitschrift des Vereins für hessische Geschichte und Landeskunde, Neue Folge, Zweiter Band, S. 328–338, Kassel (1869).

Benninghoff-Lühl, S.: Vom Buch als Schaukasten oder: Wunderbares Lesen. Die Holzbibliothek von Carl Schildbach (1788). Z. Germanistik Neue Folge **XXII**(1/2012), 41–56 (2012)

Feuchter-Schawelka, A.: Die Ökologie der Aufklärung – Carl Schildbachs Holzbibliothek nach selbst gewähltem Plan. Philippia **15**(3), 227–240 (2012)

Feuchter-Schawelka, A., Winfried FREITAG, Dietger GROSSER: Alte Holzsammlungen. Die Ebersberger Holzbibliothek: Vorgänger, Vorbilder und Nachfolger, Grosser, Der Landkreis Ebersberg, Bd. 8. Kreissparkasse, Ebersberg (2001)

Heesen, A.: Rezension (zu) Anne Feuchter-Schawelka/Winfried Freitag/Dietger Grosser: Alte Holzsammlungen, sehepunkte Rezensionsjournal für die Geschichtswissenschaften 3 (Nr. 4) – www.sehepunkte.de/2003/04/1480.html. Zugegriffen: 17. Okt. 2020 (2003)

Malecki, B., Wiedemann H.: Die älteste Pflanzensammlung Deutschlands. Das Herbar Caspar Ratzenberges im Ottoneum, Inform. Kassel, 7/8, 22 (1974).

Wiedemann, H.: Die Botanische Schausammlung des Kasseler Naturkundemuseums. I. das Ratzenbergersche Herbar und die Schildbachsche Holzbibliothek, Heimatbrief des Heimatvereins Dorothea Viehmann, Kassel-Niederzwehren e. B. Heimatbrief **32**(2), 32–34 (1987)

Wiedemann, H.: Caspar Ratzenberger, ein Botaniker des 16. Jahrhunderts, Abh. Ber. d. Vereins f. Naturkunde zu Kassel **62**(2), 1–7 (1965)

Schwedt, G.: Die Xylotheken des Candid Huber in Hohenheim und auf Burg Guttenberg. Deut. Apoth. Ztg. **127**(52/53), 2763–2764 (1987)

Schwedt, Georg: Herbar Ratzinger und Schildbachsche Xylothek im Ottoneum zu Kassel. Deut. Apoth. Ztg. **128**(36), 1839–1842 (1988)

Beumler, M-L.: Historisches Ausstellungsobjekt des Monats August 1985. Die Schildbachsche Holzbibliothek. Naturkundemuseum im Ottoneum, Kassel (1985)

Follmann, G., Hartmann, C.: Wie Bäume zu Büchern werden. Die lange Tradition der Schildbachschen Holzbibliothek. S. 8–9 Mitarbeiter-Magazin Holz + Kunststoff (Febr. 1980)

Dengler, K.G.: Candidus Huber – Eine Reminiszenz. Verhandlungen Historischer Verein Für Niederbayern (VHVN) **138**, 5–48 (2012)

G. Schwedt, *Forstbotanik*, https://doi.org/10.1007/978-3-662-63407-3

Schrenk, P.: Franz von: Andenken an Candid Huber. Z. Baiern **2**, 97–114 (1817)
Geller-Grimm, F. et al.: Bibliothek der Bäume, (Ausstellung von Marion & Karlheinz Miarka). Museum, Wiesbaden (2020)

Historische Werke

Suckow, G.A.: Oekonomische Botanik zum Gebrauch der Vorlesungen, auf der hohen Kameralschule zu Lautern. E. F. Schwan, Mannheim (1777)
Reum, J.A.: Grundriß der deutschen Forstbotanik, 3. Aufl. 1837. Arnoldische Buchh., Dresden (1814)
Anweisung zur Holzzucht für Förster. Neue akad. Buchh., Marburg 1791.
Krass, M., Landois, H.: Der Mensch und die drei Reiche der Natur. 2. Teil: Das Pflanzenreich in Wort und Bild für den Schulunterricht in der Naturgeschichte. Herder, Freiburg (1893)
Fischbach, H.: Forstbotanik, 6. Aufl., Hrsg. R. Beck, Verlagsbuchh. J. J. Weber, Leipzig (1905)
Voigtländer-Tetzner, W. (Bearb.): Der Pflanzensammler, Illustrierte Taschenbücher für die Jugend. Union Deutsche Verlagsges. Stuttgart (1910)
Haldy, B.: Lehrmeister-Bücherei Nr. 104, Anleitung zum Pflanzensammeln. Verlag Hachmeister & Thal, Leipzig (1900)
Fischer, E.: Taschenbuch für Pflanzensammler, 10. Aufl. Oskar Leiner, Leipzig (1897)
Fischbach, H.: Katechismus der Forstbotanik, 2. Aufl. (des Katechismus der Forstbotanik von J. V. Massaloup). J. J. Weber, Leipzig (1862)
Rossmässler, E.A.: Die vier Jahreszeiten. Hugo Scheube, Gotha, Volksausgabe (1856)
von Nördlinger, H.: Deutsche Forstbotanik oder forstliche botanische Beschreibung aller deutschen Waldhölzer sowie häufigeren oder interessanteren Bäume und Sträucher unserer Gärten und Parkanlagen. Für Forstleute, Physiologen und Botaniker..., Erster Band. Cotta'sche Buchhandlung, Stuttgart (1874)
Schmeil, O.: Leitfaden der Botanik. Ein Hilfsbuch für den Unterricht in der Pflanzenkunde am höheren Lehranstalten, 18. Aufl. Verlag Erwin Nägele, Leipzig (1908)

Neuere Werke

Amann, G.: Bäume und Sträucher des Waldes. Neumann, Neudamm (1976)
Braun, H.J.: Lehrbuch der Forstbotanik. Fischer, Stuttgart (1982)
Braun, H.J.: Bau und Leben der Bäume, Rombach, 4. Aufl. Freiburg (1998)
Hess, D.: Allgemeine Botanik. Ulmer, Stuttgart (2004)
Lüttge, U., Kluge, M.: Botanik. Die einführende Biologie der Pflanzen, 6. Aufl. Wiley-VCH, Weinheim (2012)
Humphries/Press/Sutton (aus dem Engl. Bruno P. Kremer): Der Kosmos-Baumführer, 2. Aufl., Franckh-Kosmos, Stuttgart (1985)
Spohn, M., Marianne G.-B., Roland S.: Was blüht denn da? 59. Aufl. (der 1. Aufl. von 1935 verfasst von Alois Kosch). Franckh Kosmos, Stuttgart (2015)
Stehli, G., Fischer, W.J.: Pflanzensammeln aber richtig. Franckh-Kosmos (1955) (Exemplar des Autors)
Stehli, G., BRÜNNER, G.: Pflanzensammeln – Aber richtig. Eine Anleitung zum Sammeln von Pflanzen sowie zum Anlagen von Herbaren und anderen botanischen Sammlungen, 11. Aufl. Franckh Kosmos, Stuttgart (1984)
Gabriel, I.: Das Herbarium. Pflanzen sammeln, bestimmen und pressen, Falken, Niedernhausen/Ts. (1981)

Grappendorf, D.: Was blüht denn da? Das Herbarium. Das Anleitungsbuch. Pflanzen sammeln, pressen und richtig aufbewahren. Franckh-Kosmos, Stuttgart (2017)

Steinecke, H., Imme M., Gunvor P.-A.: Kleine Botanische Experimente. Mit CD-ROM, 2. Aufl. Verlag Harri Deutsch, Frankfurt (2007)

Kremer, B.P.: Mikroskopieren ganz einfach. Franckh-Kosmos, Stuttgart (2011)

Schwedt, G.: Chemie für alle Jahreszeiten. Einfache Experimente mit pflanzlichen Naturstoffen. Wiley-VCH, Weinheim (2007)

Schütt, P., H.J. Schuck, B.S.: Lexikon der Baum- und Straucharten. Das Standardwerk der Forstbotanik, Wiley-VCH, Weinheim (1992) (Lizenzausgabe Nikol, Hamburg 2012)

Erlbeck, R., HASEDER I.E., Gerhard K.F: Singlwagner: Das Kosmos Wald- und Forstlexikon, Franckh-Kosmos, 2. Aufl., Stuttgart (2002)

Vaucher, H.: Bäume. An den Rinden erkennen und bestimmen. Belser, Stuttgart (1980)

Wohlleben, P.: Das geheime Leben der Bäume, Heyne, 2. Aufl. München (2020a)

Wohlleben, P.: Wohllebens Waldführer. Tiere & Pflanzen bestimmen – das Ökosystem entdecken, 2. Aufl. Ulmer, Stuttgart (2020b)

Spohn, M., Roland: Welcher Baum ist das? Franckh-Kosmos, Stuttgart (2020)

Schmidt, L.: Die botanischen Gärten in Deutschland. Hoffmann und Campe, Hamburg (1997)